対話・確率過程入門

宮沢政清 著

現代数学社

まえがき

ガリレオの天文学対話という文庫本をご存知でしょうか．そういう私も読んだ記憶があるだけで内容についてはほとんど憶えていません．しかし，科学的な内容を対話で解説するスタイルが新鮮であったことは覚えています．本書は同じように対話の助けを借りて確率過程について解説したものです．

確率過程については多くの本が書かれています．簡単な解説書から高度な専門書までありますが，本書は確率に余りなじみのない人を対象とする入門書です．しかし，数学的にできるだけ厳密に書くよう努めました．専門的な本では省かれることが多い理論の背後にある考え方について詳しく解説したつもりです．本格的な勉強の一助となるならば幸いです．

本書は現代数学に連載された「確率過程への招待」をもとに執筆しました．新たにマルチンゲールとその応用について書き加えました．マルチンゲールは基礎的な確率過程です．最近は変わりつつありますが，応用で直接使うことが少ないためその重要性は必ずしも広く認識されていません．このようなマルチンゲールの面白さと有用性を解説したつもりです．

各章末には演習問題があります．理解を確認するために是非解いてみて下さい．解答は巻末にあります．

現代数学社の前社長富田栄様には連載の書き方など多くのことを教えていただきました．また，現社長の富田淳様には本書の執筆を勧めていただきました．感謝の意を表する次第です．

2018 年 12 月　　宮沢政清

目　次

第1章

はじめに

これから確率過程の話をしますが，今日は確率についてです．聞いてくれますかと先生が話を始めました．聞き手は一夫と美子の2人です．普段から先生の話はわけがわからないと思っていますが，聞き手が2人だけでは逃げ出すこともできません．

先生：サイコロを投げたとき，2の目が出る確率はいくつですか？

一夫：目は全部で6個ありますから，$\dfrac{1}{6}$ です．

先生：2の目が出る確率が $\dfrac{1}{6}$ というのは，サイコロを6回投げたら1回だけ2の目が出ると言うことですか？

一夫：6回に1回必ず2の目が出るわけではありません．私の答えは高校で習った「起る可能性のある場合」を数えて確率を計算しただけです．

先生：では，天気予報で明日雨が降る確率は0.3というのはどういう場合の数に基づいているのですか？

美子：このときは，場合の数ではなく雨が降る回数を観測回数で割った数，すなわち，相対頻度であると思います．でも，先生の質問は意地悪です．そもそも先生は確率が何であるか説明せずに質問しています．

先生：痛いところを突いてきましたね．では，逆に質問しますが，確率とは何ですか？

美子：起こりやすさを表す数であるとなんとなく思っています．

先生：ということは，観測している事象を A とすると，事象 A の確率とは

Aに対応する数ですね．

美子：そういうことになります．

一夫：先生の質問はこの対応する数の表す意味を聞いていると思います．よくわからなくなってきてしまいましたが，この意味を説明するための理論があるのでしょうか？

先生：あります．これが確率論ですと言いたいところですが，確率を表す数の意味と言うときには注意を要します．正確には，確率論の役割は，数のもつ意味を説明することではなく，説明するための言語です．

一夫：言語とは何ですか．

先生：ここでいう言語とは，意思疎通するためのルールです．例えば，広い意味で数学も言語です．言語を使って表現した内容は文字や記号の列であり，その表現に矛盾がないことが重要です．しかし，私たちは同時にその意味を解釈しようとします．これは大事なことですが，確率論は現実の現象と密接に関係しているために，この解釈の部分が一人歩きして，あたかも確率論で証明されたかのような印象を与えることがあります．そういう私もこの手を使うことがありますので気をつけてください．

一夫：益々わからなくなってきました．もっと詳しく説明してください．

1.1　複素数と確率

初めに複素数について話させてください．複素数を使って新しい確率を定義しようなどとは考えていません．どちらも数に関係するものですから，単純に複素数と確率を比べてみたいのです．高校の数学で複素数はどこに出てきたか覚えていますか？そう，2次方程式の解を求めるときだと思います．複素数は，実数a, bと虚数$i = \sqrt{-1}$を使って，$a + bi$と表される数であり，実数と同じような四則演算ができます．

2次方程式は実数だけでは解がある場合とない場合があります．ところが，複素数を解として認め重根を2つと数えれば，いつも2つの解をもちます．同じようにして，n次方程式はn個の解をもちます．さらに，これらの方程式の係数が複素数でも同じ結果が得られます．このように複素数という架空の数を作ることにより不可能を可能とすることができるのです．

このように複素数は架空の数ですが，複素数 $a+bi$ をベクトル (a,b) に対応させ，ベクトル間に適切な演算（足し算やかけ算）を定義すれば，複素数と同等なものと見なすことができます．すなわち，新しい演算を定義することにより，複素数を具体的な数（この場合はベクトル）と見なすこともできるのです．重要なことは新しい数の体系の導入により，表現の世界が広がったことです．

確率は同じ数でも複素数とは違いますが，表現の世界を広げるための数という点に関しては似ています．確率を定義する対象は集合です．ただし，無制限に対象を広げると訳がわからなくなるので，初めにランダムな現象の結果を集めた集合 Ω（ギリシャ大文字のオメガ）を考えます．次に Ω の部分集合に対して確率を定義します．ランダムな現象の結果を標本，その集まりである Ω を標本空間と呼びます．このように，記号の持つ意味を説明するのが解釈です．解釈は数学的には無くともよく，Ω は単に集合であれば何でもよいのです．逆説的ですが，解釈をしない方が自由に応用でき，かえって役立つこともあります．このように解釈は必ずしも必要ないのですが，確率論を理解する上では役立つのも事実です．

一夫：先生質問していいですか．

先生：もちろん結構です．

一夫：Ω の要素である標本に確率を定義せず，どうして Ω の部分集合に対して定義するのですか？

先生：Ω が有限や可算個（自然数により番号付けができる個数）の要素をもつ集合ならば標本に対して確率を定義しても良いのですが，実数の集合のような非可算集合の場合にはうまくいかないのです．

一夫：何となくわかりますが，私は集合が嫌いです．

先生：困りましたね．慣れればなんとかなりますから，もう少しがまんして聞いてください．

確率を Ω の部分集合に対して定義すると述べましたが，矛盾無く確率を定義するためには，対象とする集合をさらに制限する必要があります．このように制限された集合を事象と呼び，その全体を $\mathcal{F}$（F の筆記体）により表します．この $\mathcal{F}$ は次の条件を満たせばどんなものでもよいとします．

(i)　$\Omega \in \mathcal{F}$

(ii)　$A \in \mathcal{F}$ ならば，$A^c \in \mathcal{F}$

（ここに，$A^c = \Omega \setminus A \equiv \{\omega \in \Omega; \omega \notin A\}$．$A^c$ を A の補集合と呼ぶ．）

(iii)　$i = 1, 2, \ldots$ に対して $A_i \in \mathcal{F}$ ならば，$\cup_{i=1}^{\infty} A_i \in \mathcal{F}$.

この条件は事象が満たすべき最低限の条件といってよいでしょう．この条件を満たす $\mathcal{F}$ を Ω 上の σ-集合体（σ はギリシャ小文字のシグマ）と呼びます．

事象 $A \in \mathcal{F}$ の確率を $\mathbb{P}(A)$ と表すことにします．このようにして，確率とは，σ-集合体 $\mathcal{F}$ の要素に対して定義された数，すなわち，$\mathcal{F}$ から実数の集合 $\mathbb{R}$ への関数です．しかし，$\mathbb{P}$ は関数であれば何でもよいのではなく，自然な解釈ができる必要があります．例えば，$A \cap B = \emptyset$（空集合）ならば $\mathbb{P}(A \cup B) = \mathbb{P}(A) + \mathbb{P}(B)$ であってほしいですね．このために次の条件を満たすものに限定します．

(i')　$\mathbb{P}(\Omega) = 1$

(ii')　$A \in \mathcal{F}$ に対して，$\mathbb{P}(A) \geq 0$.

(iii')　$i = 1, 2, \ldots$ に対して $A_i \in \mathcal{F}$ ならば，$\mathbb{P}\left(\cup_{i=1}^{\infty} A_i \in \mathcal{F}\right) = \sum_{i=1}^{\infty} \mathbb{P}(A_i)$.

この条件を満たす $\mathbb{P}$ を可測空間 $(\Omega, \mathcal{F})$ 上の確率測度と呼びます．$\mathbb{P}$ はこの条件を満たす限りなんでもよいのです．どのような $\Omega, \mathcal{F}, \mathbb{P}$ を選ぶかは確率を応用する際に決めることです．どうも確率とはかなり勝手に決めていいらしい怪しげな数であると思われるかもしれませんが，使い方は利用者に任されているのです．洋服で言えばオーダーメイドです．この辺は複素数と大きく違います．このような $(\Omega, \mathcal{F})$ と $\mathbb{P}$ を一組にして，$(\Omega, \mathcal{F}, \mathbb{P})$ と表し確率空間と呼びます．確率空間は確率現象を表すための数学モデルと考えて下さい．

一夫：先生また質問です．

先生：すみません．話が長くなりました．どうぞ質問してください．

一夫：初めは複素数のような数の体系が出てくるものとわくわくしましたが，オーダーメイドの体系ではどうしてよいかわかりません．もっと具体的な例で話していただけないでしょうか．例えば，サイコロの場合には，$\Omega = \{1, 2, 3, 4, 5, 6\}$，$\mathcal{F}$ は Ω の部分集合をすべて集めたものであり，$A \in \mathcal{F}$ に対して，$\mathbb{P}(A) = (A \text{の要素の個数}) \times \dfrac{1}{6}$ となるという説明はどうでしょう．

先生：ありがとう．でもどうやって $\mathbb{P}(A)$ の値を決めたのですか．

一夫：どの目も同じように出やすいとすると $i = 1, 2, \ldots, 6$ に対して $\mathbb{P}(\{i\}) =$ 一定であり，(i') と (iii') より，$\mathbb{P}(\{1\}) + \mathbb{P}(\{2\}) + \ldots + \mathbb{P}(\{6\}) = 1$ ですから，$\mathbb{P}(\{i\}) = \dfrac{1}{6}$ となります．再び (iii') を使って $\mathbb{P}(A)$ を決めました．

先生：わかりました．どの目も同様に出やすいと仮定したのですね．これは確率測度 $\mathbb{P}$ を決定する重要な仮定ですが，確率論の仮定ではありません．確率論を応用する際に使う仮定です．例えば，

$$\mathbb{P}(\{1\}) = \mathbb{P}(\{2\}) = \mathbb{P}(\{3\}) = \mathbb{P}(\{4\}) = \frac{1}{8}, \qquad \mathbb{P}(\{5\}) = \mathbb{P}(\{6\}) = \frac{1}{4}$$

とし，$\mathbb{P}(A) = \displaystyle\sum_{i \in A} \mathbb{P}(\{i\})$ としても，確率論としては何の不都合もありません．

一夫：私はそんなサイコロはないと思いますが，先生が確率という概念と確率の応用を区別したいと考えていることはわかりました．でも，そんな抽象的なものを考えて役立つのかとても不安です．

先生：複素数の話から始めたことを思い出してください．私たちは確率という新しい数，正確には，区間 $[0, 1]$ の数を値に取る関数を手にしたと考えてください．新しいものには満たすべきのルールが必要です．これまではこのルールを説明してきました．これから使い方の話をします．初めに確率の使いかってをよくする道具を準備します．抽象的な話が続きますがちょっとがまんして聞いてください．

1.2　確率現象の総合得点

標本空間 Ω，その上の σ-集合体 $\mathcal{F}$，$(\Omega, \mathcal{F})$ 上の確率測度により確率現象

を数理モデルとして表すことができます．この3つ記号を1つにまとめた $(\Omega, \mathcal{F}, \mathbb{P})$ を確率空間と呼びました．一応これで数理的な表現はできていますが，確率空間は集合や関数の集まりですから，モデルの特性がよくわかりません．

モデルの特性を数で表現することを考えます．集合はとらえどころがありませんが，数ならばなんとなくわかった気になります．ここで，標本空間 Ω の要素を ω（Ω の小文字）とすると，ω はランダムな現象の個々の結果であることを思い出してください．そこで，モデルの特性を表す指標として，各 $\omega \in \Omega$ に対して，対応する実数を $X(\omega)$ と表します．すなわち，X は Ω から実数全体の集合 $\mathbb{R}$ への関数です．直感的には，$X(\omega)$ は標本 ω を選んだときの得点であると解釈して下さい．

ここで，話を簡単にするために，X の取り得る値は $x_1, x_2, \ldots, x_k$ の有限個だけであると仮定します．このとき，X の平均的な値 $\mathbb{E}(X)$ を

$$\mathbb{E}(X) = \sum_{i=1}^{k} x_i \mathbb{P}(\{\omega \in \Omega; X(\omega) = x_i\})$$

により定義します．以後 $\mathbb{P}(\{\omega \in \Omega; X(\omega) = x_i\})$ を簡単に $\mathbb{P}(X = x_i)$ と表すことにします．$\mathbb{P}(X = x_i)$ は $X = x_i$ となる事象の起こりやすさを表していますので，$\mathbb{E}(X)$ は X の取り得る値の起こりやすさによる重みつきの平均であるといえます．いわば総合得点です．この $\mathbb{E}(X)$ を X の期待値といいます．なお，確率が定義できるためには，

$$\{\omega \in \Omega; X(\omega) = x_i\} \in \mathcal{F}, \qquad i = 1, 2, \ldots, k,$$

が必要です．一般にこの条件を満たす Ω から $\mathbb{R}$ への関数 X を確率変数と呼びます．

美子：先生，期待値を使えば得点の目安がつくことはわかりますが，単純化しすぎではありませんか．

先生：良い点に気がつきましたね．確かに期待値 $\mathbb{E}(X)$ は X の中心的な値を表していますが，X の値のバラツキなどの情報を表していません．もっと多くの情報を得る方法があります．話を続けさせてください．

得点の集計方法を変えるために，$\mathbb{R}$ から $\mathbb{R}$ への関数 f を使い，$f(X)$ の期待値 $\mathbb{E}(f(X))$ を計算します．f を変えることにより，いろいろな特性が得られます．

例えば，バラツキを表すために，$f(x) = (x - \mathbb{E}(X))^2$ がよく使われます．この $\mathbb{E}(f(X))$ を分散と呼び，$\mathrm{Var}(X)$ と表します．すなわち，

$$\mathrm{Var}(X) = \mathbb{E}((X - \mathbb{E}(X))^2)$$

です．分散は X の値の平均からのバラツキ具合を表していますが，平均 $\mathbb{E}(X)$ が大きければ，分散を過大評価してしまいます．そこで，X が非負の値のみをとるとき，

$$\delta(X) = \frac{\sqrt{\mathrm{Var}(X)}}{\mathbb{E}(X)}$$

により，期待値の効果を取り除いた量 $\delta(X)$ を定義し，変動係数と呼びます．X が非負の値を取るときに，変動係数 $\delta(X)$ は平均が異なってもバラツキを比較することができます．

美子：期待値も分散も勉強したことがあるのでわかりますが，変動係数は初めてです．分布関数や密度関数も習ったことがあるのですが，これから出てくるのでしょうか．

先生：話が複雑になるので今回は省きますが，いつか話します．

一夫：例を使った説明があるとわかりやすいのですが．

先生：ここで例を話さないと逃げ出しそうですね．宝くじの話をしましょう．

1.3　宝くじは何枚買うべきか

確率は昔から賭け事の公平性を調べるためによく応用されてきました．宝くじは誰でも気軽にできる賭け事です．t 円の利益を得るために N 本の宝くじが売り出されました．簡単のために，当たりくじは1本で，賞金は s 円であるとします．1枚 a 円で発売し．すべて売れたとすると，賞金を支払った

後の総収益tは

$$t = aN - s$$

です．したがって，利益tを得るための価格は$a = \dfrac{s+t}{N}$円です．

問題は，この宝くじを何枚買えば最大に楽しむことができるかです．ただし，宝くじはどのくじも同程度に引きやすいとします．このくじをn枚購入すると当たりを引く確率は$\dfrac{n}{N}$です．このときの賞金をX_nとします．

$$\mathbb{P}(X_n = 0) = 1 - \frac{n}{N}, \qquad \mathbb{P}(X_n = s) = \frac{n}{N}$$

ですから，宝くじをn枚購入したときの期待賞金額は

$$\mathbb{E}(X_n) = s\mathbb{P}(X_n = s) = \frac{sn}{N}$$

です．したがって，何枚買っても宝くじ1枚当たりの期待される平均的な獲得金額rは

$$r = \frac{\mathbb{E}(X_n)}{n} = \frac{s}{N}$$

であり，変化しません．$t > 0$ならば，宝くじ1枚当たりの期待利益は$r - a = -\dfrac{t}{N} < 0$ですから，期待値の意味で買う人は損をします．

では，人はどうして宝くじを買うのでしょうか．そう，当たるかもしれないという期待だと思います．この期待感を変動係数により表します．

$$\mathbb{E}(X_n^2) = s^2\mathbb{P}(X_n = s) = \frac{s^2 n}{N}$$

ですから，

$$\mathrm{Var}(X_n) = \mathbb{E}((X_n - \mathbb{E}(X_n))^2) = \mathbb{E}(X_n^2) - E^2(X_n) = \frac{s^2 n(N-n)}{N^2}$$

です．これより，n枚の宝くじを買ったときのX_nの変動係数は

$$\delta^2(X_n) = \frac{N}{n} - 1$$

となります．したがって，$n=1$のとき，$\delta(X_n)$は最大となるので，もっとも大きな期待感をもつことができます．これは，宝くじを買うならば1枚だけ買うのがよいことを表しています．宝くじを全部買う人はいないと思いますが，もしそうすると，$n=N$であり，$\delta(X_n)=0$となり，確実に損をするだけです．

美子：なるほど，もっともらしい結論だと思います．だいたい，賭け事は損をしますから，1枚だけで止めておくべきです．

一夫：しかし，損をするならば1枚も買わない方がよいということにはなりませんか．

先生：確かに，その通りです．私の結論と異なりますが，比較の基準が違いますので，別に矛盾ではありません．私の基準は，当たるかもしれないという夢の大きさです．この基準は，期待値の意味では得しないことが前提です．株式投資のように得をすることが前提の場合には，むしろ，変動係数は小さい方が安全な投資であり好ましいといえるかもしれません．

一夫：要するに基準の選び方が重要ということですね．

先生：その通りです．　でも基準の選び方は確率論とは関係ありません．確率論は基準となる量をいろいろと提供するだけです．とは言っても基準として選ばれた量の特性を調べるのは確率論の仕事です．

一夫：なんとなく確率の役割がわかったような気がしてきました．しかし，先生の話には前提というか仮定が多いですね．例えば，宝くじならば，色々な種類の当たり金額や枚数があるので問題はもっと複雑だと思います．

先生：話を簡単にするために単純化しましたが，言われるようにもっと現実的な仮定で考えることも重要です．複数の当たりくじがある場合に同じ結論になるのか是非考えてみてください．

美子：先生最後は宿題ですか．私は1枚だけ買うという結論が気に入っているので複数の当たりくじでも同じ結論になると思います．

一夫：私もそう思いますが，数学的に確かめるまで確信できません．

先生：では，今日はこれで終わりにしましょう．

1.4 演習問題

1.1 確率空間 $(\Omega, \mathcal{F}, \mathbb{P})$ 上で定義された確率変数 X が k 個の値 $x_1, x_2, \ldots, x_k$ を取り，$i = 1, 2, \ldots, k$ に対して $p_i = \mathbb{P}(X = x_i)$ である．$K = \{x_1, x_2, \ldots, x_k\}$ により集合 K を定義する．h が K から実数への関数であるとき，$Y(\omega) = h(X(\omega))$ により，$\omega \in \Omega$ から実数への関数 Y を定義する．

(a) Y が確率変数であることを示せ．

(b) $\sum_{i=1}^{k} \mathbb{P}(\{X = i\} \cap A) = \mathbb{P}(A)$ を示せ．

(c) $\mathbb{E}(Y) = \displaystyle\sum_{i=1}^{k} h(x_i) p_i$ であることを示せ．

1.2 当たりくじが k 枚の宝くじが $N > k$ 枚売り出された．宝くじ1枚の販売価格は a 円，当たりくじ1枚の賞金は s 円であり，$aN - sk > 0$ を満たすとする．この宝くじを $n \geq 1$ 枚買ったときの当たりくじの枚数を Y_n とするとき，次の問に答えよ．

(a) $i = 0, 1, \ldots, k$ に対して，当たりくじの枚数が i である確率 $\mathbb{P}(Y_n = i)$ を求めよ．

(b) $k = 2$ のとき，総賞金額の平均 $\mathbb{E}(sY_n)$ と分散 $\mathrm{Var}(sY_n)$ を求めよ．

(c) $k = 2$ のとき，総賞金額の変動係数 $\delta^2(Y_n)$ を最大とする n を求めよ．

第2章

バスはいつ来るか（その1）

先生：いやあお待たせ．バスがなかなか来なくて遅れてしまいました．

美子：先生，バスのせいではなく，時間に余裕を持って行動しなかったせいでは．

先生：罰としてバスの話をさせて下さい．

美子：いつものすり替えですね．いいです．聞きます．

一夫：今回はいよいよ確率過程の話を聞けると思ってきたのにバスの話ですか．

先生：いやあ，手厳しいですね．でも「バスはいつ来るか」はなかなか深淵であり，確率過程の問題でもあります．まあ，聞いてください．

2.1　遅刻のいいわけ

最近は無線通信を利用した到着時刻表示などもあるようですが，だいたいバスはいつ来るか予測がつきません．このようなバスの到着までの待ち時間を考えたいのです．時刻 t にバス停に来た客がバスに乗るまでの待ち時間を $W(t)$ とします．時刻は連続的な量ですので，実数で表すことにします．仮にバスは24時間連続運行しているとします．バス停留所の前でいつまでもバスの到着時刻を記録した人がいました．この人が観測を始めた時刻を0とし，n 番目のバスが到着した時刻を t_n とします．ここに，$n = 1, 2, \dots$ です．ここで問題です．時刻 t に到着した客の待ち時間 $W(t)$ は数列 $\{t_n\}$ を使って表すとどうなりますか．

美子：$t_n < t \le t_{n+1}$ となるような n をまず選びます．この n に対して，$W(t) = t_{n+1} - t$ とすれば待ち時間が得られます．

先生：よくできました．模範解答です．

一夫：先生，バスがいつ来るか分からないと言いながら，待ち時間が計算できてしまうのは納得できません．

先生：なかなか鋭い質問ですね．これまでは，t_n は単なる数でしたが，標本空間 Ω から取り出した標本 ω によって t_n の値が決まると考えてください．この t_n を $t_n(\omega)$ と表します．バスがいつ来るか分からないのは，どの ω を選ぶか分からないと考えてください．このような ω の関数を前回説明しました．

一夫：すみません，忘れてしまいました．

美子：確か，確率変数だったと思います．

一夫：そういえば，起こった結果の得点を表すと説明されていたのを思い出しました．

先生：待ち時間が得られたのは，この確率変数としてということです．すなわち，$W(t)$ も ω の関数として $W(t)(\omega)$ と表すことにすると，

$$W(t)(\omega) = t_{n+1}(\omega) - t$$

となります．

一夫：先生勝手に先に行かないでください．先生は，どの ω を選ぶか分からないと言われました．しかし，それでは $t_n(\omega)$ や $W(t)(\omega)$ の値が決まらず困ってしまいます．

先生：そこで確率の出番となるのです．大まかには，ω の選びやすさを表しているのが確率です．前回もお話ししましたが，確率論では Ω の要素である ω 自身ではなく，ω の集合に対して確率を考えますので，ちょっと注意が必要です．

美子：私にも質問させてください．例えば，A を ω の集合で確率が量れるものとします．前回の話では，$\mathcal{F}$ を Ω 上の σ-集合体とするとき，$A \in \mathcal{F}$ とすると，その確率 $\mathbb{P}(A)$ が定義できました．ここで，ある $\omega \in \Omega$ の選びやすさを考えるときに，A をどのように取れば ω の選びやすさの目安となるのでしょうか．

先生：皆さんが鋭い質問をしてくるのには感心します．もう確率論の発展は間違い無しですね．

美子：先生，ごまかさないでください．

先生：ばれましたか．話はそう簡単ではないのです．ちょっと話が長くなりますが，しばらく聞いてください．

2.2　ボレル集合体

今問題としているのは確率変数の値の出方ですから，確率変数 X について，B を実数の全体 $\mathbb{R}$ の部分集合とするとき，

$$A = \{\omega \in \Omega; X(\omega) \in B\}$$

と表される事象 A について考えてみることにします．この A を簡単に $\{X \in B\}$ と表すことにします．ここで，2 つの問題が出てきます．これまで，確率変数としては有限個の値を取るものしか考えていませんでした．しかし，時間を表す場合にはこれでは不十分です．したがって，連続的に実数値を取る確率変数を明確に定義する必要があります．

もう 1 つの問題は集合 B です．B としてどんな集合がふさわしいか考える必要があります．$A = \{X \in B\}$ が $\mathcal{F}$ の要素であることが望ましいことは明かです．このようなふさわしい集合 B の全体を $\mathcal{B}$ と表すことにします．$i = 1, 2, \ldots$ に対して，$B_i \in \mathcal{B}$ とし，

$$A_i = \{X \in B_i\}, \qquad i = 1, 2, \ldots,$$

とおきます．すべての i にたいして $A_i \in \mathcal{F}$ とすると

$$\cup_{i=1}^{\infty} A_i = \{X \in \cup_{i=1}^{\infty} B_i\}$$

であり，$\mathcal{F}$ が σ-集合体であることから，$\cup_{i=1}^{\infty} A_i \in \mathcal{F}$ です．したがって，$\cup_{i=1}^{\infty} B_i \in \mathcal{B}$ であってほしいですね．同様に，$B \in \mathcal{B}$ ならば，$B^c \in \mathcal{B}$ が望まれます．ここに，B^c は B の補集合であり，$B^c = \mathbb{R} \setminus B$ により定義します．また，区間 $[a, b]$ や $\mathbb{R}$ も $\mathcal{B}$ に入っていてほしいですね．まとめると

(i)　$\mathcal{B}$ は $\mathbb{R}$ 上の σ-集合体である．

(ii)　任意の実数 a, b が $a < b$ であるとき，区間 $[a, b] \in \mathcal{B}$ である．

が要請されます．

一夫：先生，ちょっと待ってください．前回も出てきましたが，補集合の定義がよくわかりません．$B^c = \mathbb{R} \setminus B$ と言っていますが，そもそも $\mathbb{R} \setminus B$ とは何ですか．

美子：確か，$\mathbb{R} \setminus B$ は集合 $\mathbb{R}$ から集合 B のすべての要素を取り除いた残りであると思います．

先生：その通りです．式で表すと，

$$\mathbb{R} \setminus B = \{x \in \mathbb{R}; x \notin B\}$$

です．ついでに区間 $[a, b]$ を式で表すと

$$[a, b] = \{x \in \mathbb{R}; a \leq x \leq b\}$$

となります．先に進んでもよいですか．

一夫：有り難うございました．お願いします．

条件 (i) と (ii) を満たす $\mathbb{R}$ 上の集合族 $\mathcal{B}$ は1つとは限りません．例えば，$\mathbb{R}$ の部分集合をすべて集めた $2^{\mathbb{R}}$ は明らかに条件を満たしています．条件 (i) と (ii) を満たす $\mathbb{R}$ 上の集合族（$\mathbb{R}$ の部分集合の集まり）の共通部分を $\mathcal{B}(\mathbb{R})$ と表し，$\mathbb{R}$ 上のボレル集合体と呼びます．このボレル集合体が $\mathbb{R}$ 上の σ-集合体となることは演習問題とします．これより，$\mathcal{B}(\mathbb{R})$ は条件 (i) と (ii) を満たす $\mathbb{R}$ 上の最小の σ-集合体と言うこともできます．ここで，最小とは，集合の包含関係で集合の大きさを比べたときの意味で使っています．なお，$(a, b]$ を半開区間，すなわち，$(a, b] = \{x \in \mathbb{R}; a < x \leq b\}$ とすると，

$$(a, b] = \cup_{n=1}^{\infty} \left[a + \frac{1}{n}, b\right]$$

ですから，$\mathcal{B}(\mathbb{R})$ が σ-集合体であることより，$(a, b] \in \mathcal{B}(\mathbb{R})$ です．同様に，$(a, b), [a, b), \{a\}$ なども $\mathcal{B}(\mathbb{R})$ に含まれます．

話が長くなってしまいました，これまで，$A = \{X \in B\}$ が事象となるような B は何が適切であるかを述べてきました．答えは，B がボレル集合体 $\mathcal{B}(\mathbb{R})$ の要素となることです．まだ，X が確率変数であることの定義は有限個の値を取るときのみ定義しました (1.2 節参照)．しかし，一般の場合は定義していません．後出しのようで，ちょっとずるいのですが，

- Ω から $\mathbb{R}$ への関数 X が，すべての $\mathcal{B} \in \mathcal{B}(\mathbb{R})$ に対して $\{X \in B\} \in \mathcal{F}$ を満たすとき，X を確率変数と呼ぶ

ことにします．

美子：要するに都合の良いように定義してしまおうと言うことですね．
一夫：集合のまたその集合が出てきて少しとまどっていますが，初めからうまくいくように考えているのですね．
先生：まあ，そういうことです．しかし，そう簡単ではない問題もあります．その説明をしておきましょう．

一般に $B \in \mathcal{B}(\mathbb{R})$ であるとき，集合 B をボレル可測であるといいます．簡単には作れないのですが，ボレル可測とならない $\mathbb{R}$ の部分集合があります．一方，X が確率変数となる条件は，任意の実数 a に対して $\{X \leq a\} \in \mathcal{F}$ と同値であることが証明できます．この条件が必要であることは，

$$\{X \leq a\} = \{X \in (-\infty, a]\} = \cup_{n=1}^{\infty}\{X \in [-n, a]\}$$

であることからすぐ分かります．しかし，十分であることの証明はちょっとした工夫がいります．大概の確率論や測度論の本（例えば，参考文献 [10]）に証明がありますので参照してください．

2.3 分布関数と密度関数

話が回りくどくなりましたが，確率変数 X の値の出方を調べるには，事象 $\{X \in B\}$ の確率 $\mathbb{P}(X \in B)$ の値をすべてのボレル可測集合 $B \in \mathcal{B}(\mathbb{R})$ に対して調べればよいことになります．しかし，$\mathcal{B}(\mathbb{R})$ は必ずしも具体的に表せない集合の集まりですから，これはまた大変なことです．そこで，

$$F(x) = \mathbb{P}(X \le x), \qquad x \in \mathbb{R} \tag{2.3.1}$$

により定義された関数 F を使います．この関数を確率変数 X の分布関数と呼びます．なお，$F(x)$ は x の非減少関数です．さらに，実数 a, b が $a < b$ であるとき，

$$\mathbb{P}(X \in (a,b]) = \mathbb{P}(X \in (-\infty, b]) - \mathbb{P}(X \in (-\infty, a]) = F(b) - F(a)$$

ですから，$\mathbb{P}(X \in (a,b])$ の値は F によって決まります．証明は簡単ではありませんが，同様にして，すべての $B \in \mathcal{B}(\mathbb{R})$ に対して $\mathbb{P}(X \in B)$ の値が F によって決まります．

これまで，確率変数に対して分布関数を定義しましたが，$\mathbb{R}$ から $\mathbb{R}$ への関数 F が

(iii) $F(x)$ は x の非減少関数である，

(iv) すべての $x \in \mathbb{R}$ で $F(x) = \lim_{\epsilon \downarrow 0} F(x+\epsilon)$，すなわち，$F$ は右連続関数である，

(v) $\lim_{x \to -\infty} F(0) = 1$，$\lim_{x \to \infty} F(x) = 1$ である

を満たすとき F を $\mathbb{R}$ 上の分布関数（または単に分布関数）と呼びます．さらに，この F が確率変数 X の分布関数に等しいとき，X は分布 F をもつ，または，X は分布 F に従うと言います．逆に，確率空間が十分大きければ，どんな分布関数 F に対しても F に従う確率変数が存在します．これを証明する前に下限の確認です．$A \subset \mathbb{R}$ とします．$x \in A$ を満たす全ての x に対して $a \le x$ であり，任意の $\epsilon > 0$ に対して，$x - \epsilon < a$ となる $x \in A$ が存在するならば，$a = \inf\{x \in \mathbb{R}; x \in A\}$ と表し，$x \in A$ の下限と呼びます．

補題 2.3.1. 確率空間 $(\Omega, \mathcal{F}, \mathbb{P})$ において一様分布に従う確率変数がある，すなわち，

$$\mathbb{P}(U \le x) = \begin{cases} 0, & x < 0, \\ x, & 0 \le x < 1, \\ 1, & 1 \le x, \end{cases}$$

を満たす確率変数 U が存在するならば，(2.3.1) を満たす確率変数 X が存在し，U の関数として表すことができる．

証明 $[0,1]$ から $\mathbb{R}$ への関数 h を

$$h(y) = \inf\{x \in \mathbb{R}; y \leq F(x)\}, \qquad y \in [0,1]$$

により定義する．下限の定義から，$y \leq F(x)$ を満たす全ての x に対して $h(y) \leq x$ である．逆に，任意の x に対して $h(y) \leq x$ ならば，任意の $\epsilon > 0$ に対して $h(y) < x+\epsilon$ である．ここで，$y > F(x+\epsilon)$ と仮定すると $h(y) \geq x+\epsilon$ であるから矛盾する．したがって，$y \leq F(x+\epsilon)$ である．よって，$\epsilon \downarrow 0$ とすれば，$y \leq F(x)$ である．したがって，$y \leq F(x)$ と $h(y) \leq x$ は同値である．条件より，与えられた確率空間において一様分布に従う確率変数 U が存在する．このとき，

$$X = h(U)$$

により確率変数 X を定義すれば，

$$\mathbb{P}(X \leq x) = \mathbb{P}(h(U) \leq x) = \mathbb{P}(U \leq F(x)) = F(x)$$

であるから，X は分布 F をもつ確率変数である．■

話が横道にそれてしまいました．もとに戻りましょう．確率変数 X の分布関数を F とします．これまでに述べてきたことから，X の値の出方は分布関数 F によって決まると考えてよいことになります．といっても F は単なる非減少関数ですから依然としてつかみ所がないとも言えます．今注目しているのは X が連続的な値を取る場合ですから，$F(x)$ が x について微分可能ならば，

$$f(x) = \frac{d}{dx}F(x), \qquad x \in \mathbb{R}$$

により関数 f を定義します．この関数 f を分布関数 F の密度関数と呼びます．もともと確率変数 X について考えていましたから，f を X の密度関数と呼んでもよいでしょう．

さて，Δ を小さな正の数とするとき，確率変数 X の値が区間 $(x-\Delta/2, x+\Delta/2]$ に含まれる確率は

$$\begin{aligned}\mathbb{P}(X \in (x-\Delta/2, x+\Delta/2]) &= F(x+\Delta/2) - F(x-\Delta/2) \\ &= \int_{x-\Delta/2}^{x+\Delta/2} f(u)du \cong \Delta \times f(x)\end{aligned}$$

です．ここに $\cong$ は近似的に等しいことを表します．したがって，$X(\omega)$ の値が x となる出現頻度が $f(x)$ になるように $\omega \in \Omega$ を選んでいます．このとき，$\omega \in \Omega$ を密度関数 f（または分布 F）に従って選ぶと言います．

一夫：先生は話が長いですね．ようやく答えにたどり着いたようですが，疲れました．

美子：私も少し疲れましたが，統計学で習った尤度関数のことを思い出しました．

先生：そうです．尤度関数は密度関数そのものです．

一夫：二人だけで共鳴しないでください．密度関数ならば私も知っています．先生は分布関数が微分できると仮定しましたが，微分できない場合はどうなるのでしょう．

先生：痛いところを突いてきましたね．でもよい質問です．まず，$F(x)$ は x の連続関数であり，すべての点で微分はできないが，孤立した例外的な点を除いて微分できる場合を説明しましょう．このとき，X が孤立した点を取る確率は 0 ですから，密度関数 f はこれらの孤立点を除いて使えます．言い換えると，$F(x)$ が x の連続関数ならば，孤立した微分不可能な点は無視すればよいのです．

一夫：$F(x)$ が連続であっても孤立点ではなく連続的に微分できない場合もあるのですか．

先生：あります．普通余り出てこない例外的な場合です．

一夫：$F(x)$ が不連続な場合はどうなるのでしょう．

先生：微分できる区間があったとしても密度関数だけでは分布関数が決まりません．例えば，$F(x)$ が $x=a$ で不連続であるとすると，a における F の変化量 $F(a)-F(a-)$ が $X=a$ となる確率です．このような変

化量がすべて必要になります．なお，$F(a-)$ は y を a に左から近づけたときの $F(y)$ の極限であり，左極限といいます．例として，図 2.1 に不連続分布関数のグラフを描きましたので眺めてください．

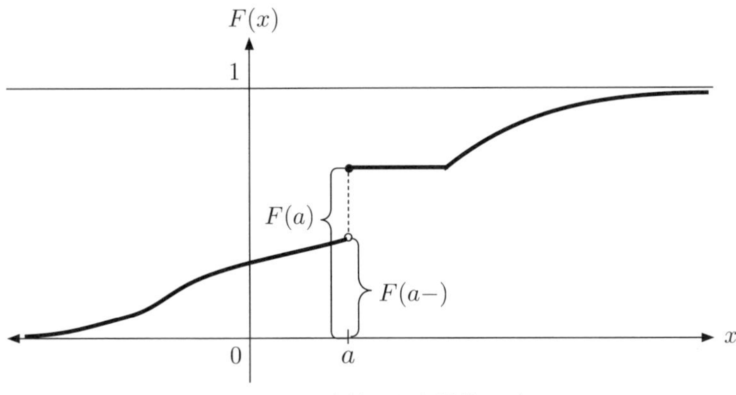

図 2.1　a で不連続な分布関数のグラフ

一夫：いろいろと防衛策があるものですね．感心しました．

先生：ほめてもらったのか，けなされたのか分かりませんが，いよいよ本題のバスの問題に入りましょう．

2.4　バスの条件付き平均待ち時間

初めに，バスの到着間隔を表すために，

$$T_n = t_n - t_{n-1}, \qquad n = 1, 2, \ldots$$

とおきます．ここに，$t_0 = 0$ とします．すべての n に対して t_n は確率変数であるとします．このとき，T_n も確率変数です．ここで，すべての n に対して T_n が同じ分布関数 F をもつと仮定します．なお，単に T と書いた場合にも T は分布関数 F もつとします．ただし，話を簡単にするために，$F(x)$ は $x \in (0, \infty)$ で密度関数 $f(x)$ をもつとします．

ここで，前のバスが出てから x 時間経過したときに到着した人が次のバスを待つ平均時間を計算します．このために，条件付き期待値を定義しましょう．一般に，確率変数 X と事象 $B \in \mathcal{B}(\mathbb{R})$ に対して $\mathbb{P}(X \in B) \neq 0$ のとき，X が密度関数 f をもつならば

$$\mathbb{E}(X|X \in B) = \frac{1}{\mathbb{P}(X \in B)} \int_{-\infty}^{\infty} x1(x \in B)f(x)dx$$

を事象 $X \in B$ が起こった下での X の条件付き期待値といいます．ここに，$1(x \in B)$ は括弧内の命題 $x \in B$ が成り立つときに 1，その他のときに 0 を取る関数です．$B = \mathbb{R}$ のときは $\mathbb{E}(X|X \in B)$ を $\mathbb{E}(X)$ と表し，単に期待値と呼びます．この条件付き期待値の定義を使うと x 時間以上待ったという条件の下でさらに待つ時間の期待値は，

$$\mathbb{E}(T - x|T > x) = \frac{1}{\mathbb{P}(T > x)} \int_{x}^{\infty} (u - x)f(u)du, \quad x \geq 0 \tag{2.4.1}$$

となります．

さて，問題です．条件付き期待値 (2.4.1) が x の値に関係なく T の期待値

$$\mathbb{E}(T) = \int_{0}^{\infty} uf(u)du$$

に等しいとき，分布関数 F はどんなものになるのでしょう．ただし，$\mathbb{E}(T)$ は有限であると仮定します．与えられた条件は，

$$\int_{x}^{\infty} (u - x)f(u)dx = \mathbb{E}(T)(1 - F(x)), \qquad x \geq 0 \tag{2.4.2}$$

と表すことができます．この式の左辺が x について微分できることから，$x > 0$ に対して (2.4.2) の両辺を x で微分すると，

$$1 - F(x) = -\mathbb{E}(T)f(x)$$

ですから，

$$\frac{\frac{d}{dx}(1 - F(x))}{1 - F(x)} = -\frac{1}{\mathbb{E}(T)}$$

が得られます．したがって，$\lambda = \dfrac{1}{\mathbb{E}(T)}$（$\lambda$ はギリシャ小文字のラムダ）とおくと，$x > 0$ に対して $F(x) = 1 - e^{-\lambda x}$ が得られます．一般に，

$$F(x) = \begin{cases} 1 - e^{-\lambda x}, & x \geq 0, \\ 0, & x < 0 \end{cases}$$

により定義された分布関数をパラメータ λ をもつ指数分布と呼びます．逆に F が指数分布ならば，条件付き期待値 (2.4.1) が x の値に関係しないことは明かです．条件付き分布についても

$$\mathbb{P}(T > x + t | T > x) = e^{-\lambda t} = \mathbb{P}(T > t), \qquad x, t \geq 0,$$

ですから，条件の $T > x$ には依存しません．これを指数分布の無記憶性と呼びます．

以上をまとめると，F が指数分布のときに限り，条件付き期待値 (2.4.1) が x の値に関係なくなると言えます．すなわち，F が指数分布ならば，前のバスが出てからの経過時間がどれだけ長くても次にバスが来るまでの平均時間は変わらないのです．

一夫：先生，この話はとても信じられません．

美子：私も不自然さを感じますが，電話で友達と話しているときに話した時間に関係なくまた話を続けてしまうことがあります．そんな状況かもしれないと思いました．

一夫：そうか，確かにそんな経験はあるか．

美子：でも，先生の論法を続けていくと，前のバスからの経過時間が長いほど次に来るバスの平均待ち時間が長くなる分布関数 F があることになりませんか．

先生：その通りです．あるのです．少し説明させてください．

条件付き期待値 (2.4.1) が x の増加関数ならば，待つほど条件付き期待値が増える分布となります．そのような分布関数を作るために，

$$r(x) = \frac{f(x)}{1 - F(x)}, \qquad x \geq 0 \tag{2.4.3}$$

により，関数 $r(x)$ を定義し，分布 F の故障率と呼ぶことにします．故障率がいきなり出てくるのは変ですが，F が機械の寿命分布を表すときに機械の故障率として r をよく使うためにこんな名前がついています．$r(x)$ が x の増加（減少）関数であるとき，$r(x)$ を増加（減少）故障率と呼びます．

例えば，2つの正の数 α, β に対して，分布関数 F を

$$F(x) = \begin{cases} 1 - \exp(-\alpha x^{\beta}), & x \geq 0, \\ 0, & x < 0 \end{cases} \tag{2.4.4}$$

により定義とすると，$r(x)$ は，$0 < \beta < 1$ ならば減少故障率であり，$\beta > 1$ ならば増加故障率です．この分布関数で表される分布を（正確には位置パラメータが0の）ワイブル分布と呼びます．

さて，$r(x)$ が減少故障率関数であるとすると，

$$\begin{aligned} 1 - F(x) &= \int_x^{\infty} f(u)du = \int_x^{\infty} r(u)(1 - F(u))du \\ &< r(x) \int_x^{\infty} (1 - F(u))du \end{aligned}$$

ですから，$r(x)$ に定義式 (2.4.3) を代入すると，

$$f(x) \int_x^{\infty} (1 - F(u))du - (1 - F(x))^2 > 0$$

です．一方，$1 - F(u) = \int_u^{\infty} f(v)dv$ より，

$$\begin{aligned} \int_x^{\infty} (1 - F(u))du &= \int_x^{\infty} \left(\int_u^{\infty} f(v)dv \right) du \\ &= \int_x^{\infty} \left(\int_x^{v} f(v)du \right) dv \\ &= \int_x^{\infty} (u - x) f(u)du \end{aligned}$$

ですから，(2.4.1) より，

$$\mathbb{E}(T - x | T > x) = \frac{1}{1 - F(x)} \int_x^{\infty} (1 - F(u))du$$

です．したがって，$x > 0$のとき，

$$\frac{d}{dx}\mathbb{E}(T - x|T > x) = \frac{-(1 - F(x))^2 + f(x)\int_x^\infty (1 - F(u))du}{(1 - F(x))^2} > 0$$

であり，条件付き期待値$\mathbb{E}(T - x|T > x)$がxの増加関数となることが分かります．

一夫：わかりました，わかりました．先生もう結構です．

美子：たくさん質問したいことがあるのですが，もう続けられない人もいるようなので1つだけ質問させてください．前のバスからの経過時間が長い人ほど平均待ち時間が長くなる分布があることは分かりましたが，直感的には納得がいきません．何かうまい説明があるのでしょうか．

先生：そのような人はどんな到着をしたかを考えてみると，バスの到着間隔が長い時間区間に到着した可能性が高い，すなわち，分布Fに従って選んだ$T(\omega)$の値が大きいことが推測できます．したがって，$\mathbb{P}(T > x) = 1 - F(x)$がゆっくりと減少する分布の場合にはこのような人は待つ時間も長くなると予想されます．ここで，すべての人が待ち続ける時間が長くなるわけではないことに注意してください．たまたま$T > x$であった人の平均待ち時間です．

美子：なるほど，うまい説明ですね．運悪くバスの到着間隔が長い時間区間を選んで到着してしまったのですね．

先生：その通りです．お気づきのことかもしれませんが，バスの待ち時間の設定が最初は到着時刻列$\{t_n; n = 1, 2, \ldots\}$から計算しましたが，最後には条件付き待ち時間の期待値にすり替わっています．到着間隔が同じ分布であると仮定していますから，前のバスから次のバスがくるまでの時間の分布は不変です．しかし，時刻tで到着した客の待ち時間$W(t)$となると話が違ってきます．この話は次回にしましょう．

2.5　演習問題

2.1　Ωを集合，$\mathcal{F}$をその上のσ-集合体とする．

(a) $\mathcal{G}$がΩ上のσ-集合体であるとき，$\mathcal{F} \cap \mathcal{G}$もまた$\Omega$上の$\sigma$-集合体で

あることを証明せよ.

(b) $\mathcal{A} \subset \mathcal{F}$ に対して，$\mathcal{A}$ を含む Ω 上の最小の σ-集合体を求めよ.

2.2 標本空間を Ω とする．$\Omega = \mathbb{R}$ であるとき，$[0,1]$ 上の一様分布に従う確率変数が存在するような確率空間 $(\Omega, \mathcal{F}, \mathbb{P})$ を作れ.

2.3 (2.4.4) により定義されたパラメータ α, β をもつワイブル分布 F について，

(a) 密度関数 $f(x)$ と故障率 $r(x)$ を求めよ.

(b) $r(x)$ は，$0 < \beta < 1$ ならば減少し，$\beta > 1$ ならば増加することを示せ.

2.4 故障率 $r(x), x \geq 0$ をもつ分布関数 F と密度関数 f を求めよ.

第3章

バスはいつ来るか（その2）

先生が一夫と美子の2人に授業をしています．個人教授みたいなものですが，2人ともよく質問をします．鋭い質問が多く，批判もあって先生はたじたじです．

3.1　前回の復習

先生：前回に引き続いてバスの待ち時間について話します．

美子：先生が遅れてきたので，バスの話はよく覚えています．確か，前のバスからの経過時間が与えられたという条件の下でバスの待ち時間の条件付き期待値を求めました．今回は到着した客の平均待ち時間を求めるという約束でした．

一夫：私は，ボレル集合体，分布関数，密度関数，条件付き期待値などの定義が次々に出てきてとまどいました．肝心のバスの話は何かだまされたような気分でした．

先生：ちょっと詰め込みすぎたかもしれませんが，どれも確率現象を数学的に表すための基本的な概念です．繰り返し使いますので，そのうち慣れてくると思います．初めにバスの話を復習しましょう．

あるバス停留所に来た客の待ち時間が問題です．$n = 1, 2, \ldots$ に対して，n 番目のバスが到着した時刻を t_n とし，到着間隔 $T_n \equiv t_n - t_{n-1}$ は同一の分布 F に従うと仮定しました．前のバスが出てからの経過時間が x のときに

到着した客がバスを待つ時間の条件付き期待値は

$$\mathbb{E}(T-x|T>x)=\frac{1}{\mathbb{P}(T>x)}\int_x^{\infty}(u-x)f(u)du, \qquad x\geq 0 \tag{3.1.1}$$

です．この条件付き期待値が x に依らず $\mathbb{E}(T)$ に等しくなるのは，分布 F が指数分布の時に限ることを証明しました．また，この期待値が x の増加関数となる F の例がありました．しかし，ランダムに到着した客の待ち時間はまだ計算していません．

一夫：先生，ランダムに到着するとはどういうことですか．

先生：ここでは作為的でないという程度の軽い意味で使っています．

美子：その説明は納得できません．先生はバスの到着について詳しく説明されましたが，なぜ客の到着について詳しく説明しないのですか．

先生：ランダムな到着について考えてもらいたいからです．

美子：いつもの逆襲ですね．私はいつ到着するか予測がつかない到着であると思います．

一夫：だとすると，今度は「予測がつかない」の説明が必要にならない．

美子：バスの到着の所で出てきた指数分布を使ったらどう．到着間隔が指数分布ならば次の到着まで時間の条件付き期待値が一定だから，予測がつかないことにならない．

一夫：なるほど．

先生：さすが皆さんはよくできます．でも，異なる到着間隔が関係しないという条件も必要です．このためには，独立という概念が必要になります．独立については後で説明することにして，もう少し広い意味でのランダムな到着について説明しましょう．

3.2　時間平均と事象平均

時刻0から $t>0$ までの時間間隔を線分 $[0,t]$ で表します．この時間間隔中の時刻 u に到着した客の待ち時間を $W(u)$ とします．ここで，どんな $t>0$ に対しても，1人の客がこの時間間隔中の微少な幅 δ の時間区間 $[u,u+\delta]$ に

到着する割合が $\dfrac{\delta}{t}$ であるとします．これは，時間区間 $[0,t]$ の中のどの時刻も同程度に起こりやすいことを表しています．さて，このような到着に対する平均待ち時間 $\overline{W}_*$ を

$$\overline{W}_* = \lim_{t\to\infty}\frac{1}{t}\int_0^t W(u)du$$

により定義します．この $\overline{W}_*$ は時間に関して平均していますので，このような平均の取り方を時間平均と呼びます．

美子：言われていることはわかりますが，到着時刻が曖昧で釈然としません．

一夫：私は何となく納得してしまいましたが，言われてみるとその通りです．

先生：確かに，私の説明ではいつ到着するかについて明確にしていません．この点について補足しましょう．

バス停に n 番目に到着した客の到着時刻を a_n とするとき，

$$\overline{W}_a = \lim_{n\to\infty}\frac{1}{n}\sum_{\ell=1}^{n} W(a_\ell)$$

により，平均待ち時間 $\overline{W}_a$ を計算できます．このような平均の取り方を事象平均と言います．この場合の事象は客の到着です．なお，ここで言う平均とは標本平均，すなわち，母集団から確率法則に従って標本を選んだときの平均です．いずれにせよ，$\overline{W}_a$ は到着時刻の列 $\{a_n\}$ が与えられていないと計算できません．

ここで，$[0,\infty)$ で定義された非負の値を取る任意の関数 g と到着時刻が従う確率法則に従って選んだ標本の実現値 $a_n(\omega)$ に対して，時間平均：

$$\overline{g}_* \equiv \lim_{t\to\infty}\frac{1}{t}\int_0^t g(u)du$$

と事象平均：

$$\overline{g}_a(\omega) \equiv \lim_{n\to\infty} \frac{1}{n}\sum_{\ell=1}^{n} g(a_\ell(\omega))$$

が存在し有限ならば，

$$\overline{g}_*(\omega) = \overline{g}_a(\omega) \tag{3.2.1}$$

が成り立つ確率が1であるとき，確率変数列 $\{a_n; n=1,2,\ldots\}$ をランダムな到着であると呼ぶことにします．すなわち，標本のどんな実現値に対しても時間平均と事象平均が確率1で一致する到着です．なお，この意味のランダムな到着の到着間隔は必ずしも指数分布に従う必要はありません．すなわち，普通使われるランダムな到着より少し広い範囲をカバーしています．

美子：何となくわかりますが，後出しの言い逃れのようにも聞こえます．

先生：手厳しいですね．しかし，実際にこの条件を満たす到着過程があれば納得してもらえると思います．今すぐに説明できないのが残念ですが，しばらくはこの定義を認めて下さい．

美子：もう1点，確率1という限定が気になりました．なぜ，すべての標本 ω い対してと言わないのでしょうか．

先生：すべての ω とすると，確率0で起こる例外的な場合があるからです．逆に言うと，確率0で起こる事象は無視します．これは，確率論の適用範囲を拡げる上でとても重要な考え方です．いつか，具体例で説明するつもりです．

美子：わかりました．先に進んで下さい．

一夫：ちょっと待ってください．定義は認めますが，「任意の関数 g」という所が気になります．例えば，$\overline{g}_*$ の右辺にある積分はいつもできるのでしょうか．

先生：いい質問ですね．しかし，私がこの式の後に述べたことを思い出してください．私は「存在し，有限であるならば」と条件をつけています．

一夫：先生がいつも言い逃れ対策をしていることには感心します．でも，具体的にはどんな関数ならばよいのでしょうか．

先生：これを詳しく説明するには，積分の定義から考え直す必要があります．いつかこの話もしたいのですが，ここでは取りあえず，可算個のバラバラな不連続点を除いて連続な関数であると考えてください．なお，「バラバラな」とは，十分に小さな正の数 ϵ を選べば，どの 2 つの不連続点間の距離も ϵ より大きくなることを言います．

一夫：関数 g について，少しイメージが湧いてきました．先に進んでください．

客の到着がバスの到着と無関係であるとすると，(3.2.1) を満たす $g(t)$ として $W(t)$ を選ぶことができます．このとき，$\overline{W}_* = \overline{g}_*$ とすると，$\overline{W}_*$ が存在し有限ならば，

$$\overline{W}_* = \lim_{t\to\infty} \frac{1}{t} \int_0^t W(u)du = \lim_{n\to\infty} \frac{1}{t_n} \int_0^{t_n} W(u)du \tag{3.2.2}$$

です．ただし，$n \to \infty$ ならば $t_n \to \infty$ とします．ここで，時刻 t に到着した客の待ち時間 $W(t)$ は，$t_{n-1} < t \le t_n$ となる n を選ぶと $W(t) = t_n - t$ であることを前回答えてもらいました．この式を $W(t)$ に代入すると，

$$\begin{aligned}\overline{W}_* &= \lim_{n\to\infty} \frac{1}{t_n} \sum_{\ell=1}^{n} \int_{t_{\ell-1}}^{t_\ell} (t_\ell - u)du \\ &= \lim_{n\to\infty} \frac{1}{t_n} \sum_{\ell=1}^{n} \frac{(t_\ell - t_{\ell-1})^2}{2}\end{aligned}$$

となります．さらに，$T_n = t_n - t_{n-1}$ とおくと，この式は，

$$\overline{W}_* = \lim_{n\to\infty} \frac{1}{\frac{1}{n}\sum_{\ell=1}^{n} T_\ell} \frac{1}{n} \sum_{\ell=1}^{n} \frac{T_\ell^2}{2} \tag{3.2.3}$$

と書き直すことができます．したがって，標本平均を取り，

$$\lim_{n\to\infty} \frac{1}{n} \sum_{\ell=1}^{n} T_\ell = \overline{T}, \qquad \lim_{n\to\infty} \frac{1}{n} \sum_{\ell=1}^{n} T_\ell^2 = \overline{T^2} \tag{3.2.4}$$

となる有限な $\overline{T}$ と $\overline{T^2}$ が存在するならば，客の平均待ち時間 $\overline{W}_a$ は

$$\overline{W}_a = \overline{W}_* = \frac{\overline{T^2}}{2\overline{T}} \tag{3.2.5}$$

となります．もう，皆さんが質問をしたくてしかたがないよくわかります．どうぞ質問してください．

美子：この結果は，ランダムな到着の定義を認め，(3.2.4) を確かめることができれば，何とか納得できます．
先生：なかなかよい点を見ていますね．では，(3.2.4) の話をしましょう．

3.3　大数の法則

初めに，(3.2.4) は確率変数の式であること，すなわち，標本 $\omega \in \Omega$ が与えられたときに成り立つ式であることに注意してください．また，$\overline{T}$ と $\overline{T^2}$ も ω の関数です．ω ごとに式の値が変わってしまうのでは余り役立ちそうもありません．実は，$\overline{T}$ と $\overline{T^2}$ は ω に依らない定数になることがかなり広い範囲で成り立ちます．$T_1, T_2, \ldots$ は非負の確率変数ですが，一般の実数を値に取る確率変数の列 $X_1, X_2, \ldots$ に対して同様な極限を考えてみましょう．ただし，$X_1, X_2, \ldots$ がすべて同じ分布をもつとします．このとき，確率 1 で

$$\lim_{n \to \infty} \frac{X_1 + X_2 + \ldots + X_n}{n} = \mathbb{E}(X_1) \tag{3.3.1}$$

が成り立つとき，(3.3.1) を大数の法則と呼びます．この式の左辺を標本平均といい，(3.3.1) は標本平均が期待に等しいことを表しています．

美子：以前にも確率 1 が出てきましたが，(3.3.1) が確率 1 で成り立つとはどういうことですか．(3.3.1) は式ですので今一つぴんと来ません．
先生：各 X_i は標本 ω の関数ですから，(3.3.1) は各標本 ω に対して成り立つ式です．(3.3.1) が成り立つ ω の集合を A とするとき，$\mathbb{P}(A) = 1$ ならば，(3.3.1) が確率 1 で成り立つと言います．
美子：有り難うございました．

大数の法則が成り立つ条件について考えてみましょう．例えば，$n = 2, 3, \ldots$ に対して $X_n(\omega) = X_1(\omega)$ とすると，(3.3.1) の右辺は X_1 に等しく，定数ではありません．したがって，大数の法則はいつも成り立つとは限りません．

話を簡単にするために，X_n は同じ分布に従い，k 個の値 $x_1, x_2, \ldots, x_k$ を取るとします．$X_1, X_2, \ldots, X_n$ で x_ℓ の値を取った確率変数の個数を $N_\ell(n)$ とすると

$$\frac{X_1 + X_2 + \ldots + X_n}{n} = \sum_{\ell=1}^{k} x_\ell \frac{N_\ell(n)}{n}$$

です．ここに，$\dfrac{N_\ell(n)}{n}$ が x_ℓ の値が出る相対頻度であることから，個々の X_i の値が他の X_j $(j \neq i)$ と独立に選ばれるならば，確率 1 で

$$\lim_{n\to\infty} \frac{N_\ell(n)}{n} = \mathbb{P}(X_1 = x_\ell) \tag{3.3.2}$$

が成り立つことが期待されます．このとき，期待値 $\mathbb{E}(X_1)$ の定義より

$$\lim_{n\to\infty} \sum_{\ell=1}^{k} x_\ell \frac{N_\ell(n)}{n} = \sum_{\ell=1}^{k} x_\ell \mathbb{P}(X_1 = x_\ell) = \mathbb{E}(X_1)$$

となり，(3.3.1) が得られます．

一夫：先生だんだん難しくなってきました．特に，確率変数の極限が今一つよく理解できません．

先生：極限については，標本 ω を選んでから取っています．標本が選ばれると確率変数は普通の数ですから，数の極限と同じであると考えればよいのです．

美子：結局 (3.3.2) が成り立てば，(3.3.1) が得られることはわかりますが，「独立に選ばれる」という所が気になります．また，X_k の取り得る値が有限個でない場合にはどうなるのでしょうか．もっときちんと説明していただけないでしょうか．

先生：確率変数 X_1 と X_2 が独立であるとは互いに取る値が影響しないことを言います．数学的には以下のように定義します．

確率変数 X_1 と X_2 が独立であるとは

$$\mathbb{P}(X_1 \in B_1, X_2 \in B_2) = \mathbb{P}(X_1 \in B_1)\mathbb{P}(X_2 \in B_2), \quad B_1, B_2 \in \mathcal{B}(\mathbb{R}) \tag{3.3.3}$$

が成り立つことです．すなわち，どんなボレル集合 B_1, B_2 に対しても，事象 $\{X_1 \in B_1\}$ と $\{X_2 \in B_2\}$ が同時に起こる確率は事象 $\{X_1 \in B_1\}$ の確率と事象 $\{X_2 \in B_2\}$ の確率の積であることを表しています．

同様にして，n 個の確率変数 $X_1, X_2, \ldots, X_n$ が独立であるとは，$\ell = 1, 2, \ldots, n$ と $B_\ell \in \mathcal{B}(\mathbb{R})$ に対して $\{X_\ell \in B_\ell\}$ が同時に起こる確率が各 $\{X_\ell \in B_\ell\}$ が起こる確率の積に等しいこと言います．任意の正の整数 n に対して，$X_1, X_2, \ldots, X_n$ が独立であるとき，無限個の確率変数の列 $X_1, X_2, \ldots$ を独立な確率変数列と呼びます．

美子：定義はわかりましたが，独立ならば (3.3.1) や (3.3.2) が成り立つことをどのように証明するのでしょうか．

先生：簡単に言えば，標本平均 $\frac{1}{n}(X_1 + \ldots + X_n)$ の分散が0に収束することを使って証明します．このためにも期待値について詳しく調べておく必要があります．そこで期待値の定義をもう一度見直してみましょう．

3.4　期待値

これまで，期待値は X が有限個の値を取る場合と密度関数をもつ場合しか定義しませんでした．一般の場合には次のように定義します．まず，確率変数 X を正の部分と負の部分に分けます．このために，$X_+(\omega) = \max(0, X(\omega))$ と $X_-(\omega) = \max(0, -X(\omega))$ とおきます．X_+ と X_- は非負の値を取る確率変数であり，

$$X = \max(0, X) + \min(0, X) = X_+ - X_-$$

です．ここで，X_+ と X_- の期待値 $\mathbb{E}(X_+)$ と $\mathbb{E}(X_-)$ が定義できれば

$$\mathbb{E}(X) = \mathbb{E}(X_+) - \mathbb{E}(X_-)$$

により，X の期待値 $\mathbb{E}(X)$ を定義します．ただし，$\mathbb{E}(X_+) = \mathbb{E}(X_-) = \infty$ のときは期待値は存在しないといいます．

以上のことから，X が非負の値を取る確率変数のときに期待値を定義すればよいことになります．このために，有限個の値のみを取る確率変数で X

を近似することを考えます．具体的には，各 $n \geq 1$ に対して，

$$X_n(\omega) = \begin{cases} 0, & X(\omega) = 0 \text{ のとき}, \\ \frac{i}{2^n}, & \frac{i-1}{2^n} < X(\omega) \leq \frac{i}{2^n}, i = 1, 2, \ldots, n2^n \text{ のとき}, \\ n, & X(\omega) > n \text{ のとき}, \end{cases}$$

により有限個の値を取る確率変数 X_n を定義します．$0 \leq X_n \leq X_{n+1} \leq X$ であり，

$$\lim_{n \to \infty} X_n = X$$

が成り立つことを確かめることができます．X_n の期待値 $\mathbb{E}(X_n)$ が定義でき，$\mathbb{E}(X_n) \leq \mathbb{E}(X_{n+1})$ ですから，単調増加列が収束することより

$$\mathbb{E}(X) = \lim_{n \to \infty} \mathbb{E}(X_n)$$

とおき，X の期待値 $\mathbb{E}(X)$ を定義します．

美子：ずいぶん面倒ですね．先生がなかなか定義しなかった理由がわかってきました．

先生：この定義だけでも期待値 $\mathbb{E}(X)$ の計算はある程度できますが，本当に役立つようにするためには次の結果が重要です．

補題 3.4.1. X を非負の確率変数とします．どんな非負の確率変数列 $\{X_n; n = 1, 2, \ldots\}$ に対しても，各 X_n が有限個の値のみを取り，各 $\omega \in \Omega$ に対し $X_n(\omega)$ が n について単調増加であり，$n \to \infty$ のとき $X(\omega)$ へ収束するならば，

$$\lim_{n \to \infty} \mathbb{E}(X_n) = \mathbb{E}(X)$$

が成り立つ．

この補題の証明は確率論や測度論の本にありますので参照してください．この結果を使って計算に便利な関係式を導きましょう．

非負の確率変数 X と Y に対して，有限個の値を取る確率変数 X_n と Y_n が，それぞれ，X と Y へ単調に増加して収束するならば，X_n+Y_n は $X+Y$ へ単調に増加して収束します．一方，条件より X_n+Y_n も有限個の値のみを取りますので

$$\mathbb{E}(X_n+Y_n)=\mathbb{E}(X_n)+\mathbb{E}(Y_n)$$

を直接確かめることができます．したがって，補題 3.4.1 より

$$\mathbb{E}(X+Y)=\mathbb{E}(X)+\mathbb{E}(Y) \tag{3.4.1}$$

が得られます．同様にして，実数 a と非負の確率変数 X に対して，

$$\mathbb{E}(aX)=a\mathbb{E}(X) \tag{3.4.2}$$

を証明することができます．これらの結果から，実数 a,b と確率変数 X,Y に対して，

$$\mathbb{E}(aX+bY)=a\mathbb{E}(X)+b\mathbb{E}(Y) \tag{3.4.3}$$

が成り立ち，期待値の線型性と呼びます．X,Y が有限個の値のみを取るときには，この式を直接証明できます (演習問題 3.1 参照)．一般の場合の証明はどうすればよいでしょうか．

一夫：$aX+bY$ を正と負の部分に分ければよいと思いましたが，うまくいきません．

美子：(3.4.1) と (3.4.2) を別々に確かめた方が良いと思います．しかし，(3.4.1) を確かめる際に，$X+Y$ を正と負の部分に分けようとすると一夫さんの場合と同じでうまくいきません．ここでは，X と Y をそれぞれ X_+ と X_- に分けたように正と負の部分に分けて，

$$X+Y=X_++Y_+-(X_-+Y_-)$$

としてはどうでしょうか．うまくいきそうですが，正と負の部分が $X+Y$ を正と負の部分に分けた場合と異なることが少し気がかりです．

先生：正解です．正と負の部分への分け方は確かに1通りではありません．
　分け方に依らず期待値が定まることを確かめておきましょう．

例えば，$X = X'_+ - X'_-$ ような別の分け方があったとします．このとき，$X_+ + X'_- = X_- + X'_+$ ですから，

$$\mathbb{E}(X_+ + X'_-) = \mathbb{E}(X_- + X'_+)$$

したがって，非負の確率変数に対する (3.4.1) を使えば，

$$\mathbb{E}(X) = \mathbb{E}(X_+) - \mathbb{E}(X_-) = \mathbb{E}(X'_+) - \mathbb{E}(X'_-)$$

が得られ，分け方に依らず，期待値 $\mathbb{E}(X)$ が決まることがわかります．以上のことから，一般の値を取る X, Y に対しても (3.4.3) が成り立つことを証明できます．

　これまでの方法の特徴は，有限個の値を取る確率変数の場合に証明し，正と負の部分への分解と極限操作によって一般の値を取る確率変数へ拡張したことです．この方法は，期待値を計算したり，その関係式を証明するのに役立ちます．例えば，非負の確率変数 X が密度関数 f をもつとき，任意の非負値連続関数 $\varphi(X)$ に対して

$$\mathbb{E}(\varphi(X)) = \int_0^\infty \varphi(u) f(u) du \tag{3.4.4}$$

を証明してみましょう．$\underline{\varphi}_n(i) = \min_{\frac{i-1}{2^n} < y \le \frac{i}{2^n}} \varphi(y)$ とおき，関数 φ_n を

$$\varphi_n(x) = \begin{cases} \varphi(0), & x = 0, \\ \underline{\varphi}_n(i), & \frac{i-1}{2^n} < x \le \frac{i}{2^n}, i = 1, 2, \ldots, n2^n, \\ \inf_{y>n} \varphi(y), & x > n \end{cases}$$

と定義すれば，$\varphi_n(X)$ は有限個の値のみを取る確率変数です．事象 $A \in \mathcal{F}$ に対して $1(A)$ を $\omega \in A$ ならば1，そうでないならば0を値に取る確率変数とすると，

$$\varphi_n(X) = \sum_{i=1}^{n2^n} \underline{\varphi}_n(i) 1\left(\frac{i-1}{2^n} < X \le \frac{i}{2^n}\right) + n1(X > n)$$

ですから，期待値の線型性と $\mathbb{E}(1(A)) = \mathbb{P}(A)$ より，

$$\begin{aligned}
\mathbb{E}(\varphi_n(X)) &= \sum_{i=1}^{n2^n} \underline{\varphi}_n(i)\mathbb{E}\left(1\left(\frac{i-1}{2^n} < X \leq \frac{i}{2^n}\right)\right) + n\mathbb{E}\left(1(X > n)\right) \\
&= \sum_{i=1}^{n2^n} \underline{\varphi}_n(i)\mathbb{P}\left(\frac{i-1}{2^n} < X \leq \frac{i}{2^n}\right) + n\mathbb{P}\left(X > n\right) \\
&= \sum_{i=1}^{n2^n} \underline{\varphi}_n(i)\int_{\frac{i-1}{2^n}}^{\frac{i}{2^n}} f(u)du + n\int_n^{\infty} f(u)du \\
&= \int_0^{\infty} \varphi_n(u)f(u)du
\end{aligned}$$

です．この式で $n \to \infty$ とすると，$\varphi_n(X)$ は単調に増加して $\varphi(X)$ へ収束するので，補題 3.4.1 より (3.4.4) が得られます．なお，命題 P に対して

$$1(P) = \begin{cases} 1, & P\text{ が成立する}, \\ 0, & P\text{ が成立しない}, \end{cases}$$

により関数 $1(P)$ を定義し，定義関数と呼びます．$1(X > n)$ は命題が標本 ω の関数ですから確率変数である定義関数です．

先生：大数の法則の話から期待値の話へと寄り道してしまいました．バスの問題に戻りたいのですがよろしいですか．

一夫：私はもう限界に近づいていますので，そうして下さい．

美子：私も一息つきたいのでバスに戻ってください．

3.5　待ち時間のパラドックス

確率変数の列 $\{T_n\}$ と $\{T_n^2\}$ に対して大数の法則 (3.3.1) が成り立つとします．このとき，T_n が密度関数 f をもつとすると，(3.4.4) より，

$$\overline{T} = \mathbb{E}(T) = \int_0^{\infty} uf(u)du$$

です．同様に

$$\overline{T^2} = \mathbb{E}(T^2) = \int_0^\infty u^2 f(u) du$$

です．したがって，(3.2.5) より，ランダムに到着した客の平均待ち時間は

$$\overline{W}_a = \frac{\mathbb{E}(T^2)}{2\mathbb{E}(T)}$$

です．ここで，T の分散を $\mathrm{Var}(T)$ とすると，$\mathrm{Var}(T) = \mathbb{E}(T^2) - (\mathbb{E}(T))^2$ ですから，

$$\overline{W}_a = \frac{(\mathbb{E}(T))^2 + \mathrm{Var}(T)}{2\mathbb{E}(T)} = \frac{\mathbb{E}(T)}{2}\left(1 + \frac{\mathrm{Var}(T)}{(\mathbb{E}(T))^2}\right)$$

です．T の変動係数を δ_T とすると，$\delta_T^2 = \frac{\mathrm{Var}(T)}{(\mathbb{E}(T))^2}$ ですので，結局，

$$\overline{W}_a = \frac{1 + \delta_T^2}{2} \mathbb{E}(T)$$

となります．したがって，平均待ち時間は変動係数が 0 のとき，すなわち，T が定数のとき最小値 $\mathbb{E}(T)/2$ を取り，変動係数が 1 のとき，バスの平均到着間隔 $\mathbb{E}(T)$ に一致します．例えば，T が指数分布に従うならば，変動係数は 1 に等しいので，$\overline{W}_a = \mathbb{E}(T)$ です．また，平均待ち時間は変動係数の 2 次の増加関数です．

美子：バスが出た直後に到着した客の待ち時間は $\mathbb{E}(T)$ ですから，変動係数が 1 より大きいときには，ランダムに到着した客の方が，バスを直前で逃した客よりも平均的には長く待たされるということですね．前回も同様なことがありましたが，不思議な感じです．

先生：その通りです．これを待ち時間のパラドックスと言います．理由は前回の条件付き待ち時間のときと同じです．なお，これまでは平均だけを考えてきましたが，遅れ対策としては不十分かもしれません．

一夫：もっと詳細な情報も得られるのでしょうか．例えば，ある時間以上待つ確率はどうなるのでしょうか．

先生：すこし説明しましょう．

各 $x \geq 0$ に対して，到着客が x 時間以上待つ確率 $\overline{W}^{\uparrow}_a(x)$ を

$$\overline{W}^{\uparrow}_a(x) = \lim_{n\to\infty} \frac{1}{n} \sum_{\ell=1}^{n} 1\left(W(a_\ell) > x\right)$$

により定義します．客がランダムに到着した，すなわち，条件 (3.2.1) が満たされるときには，平均の場合と同じように計算できます．答えは次の通りです．

$$\overline{W}^{\uparrow}_a(x) = \frac{1}{\mathbb{E}(T)} \int_x^{\infty} (u-x) f(du), \qquad x \geq 0.$$

一夫：先生，何か今日の最初に出てきた (3.1.1) 式と似ていますね．

先生：そうですね．x 時間以上待つと言うことは，バスの到着間隔が x 以上である時間区間に客が来たはずです．このバスの区間の選び方が似ているためです．

美子：いろいろ途中で寄り道をしましたが，最終的な結果を見ると簡単ですね．何かもっと簡単に計算できるような気もしてきました．

先生：確かにもっと簡単な説明もあります．しかし，一度はなるべく正確にモデルを記述することは重要です．今日はこれで終わりにしましょう．

3.6　演習問題

3.1　X, Y がそれぞれ有限個の値 $x_1, x_2, \ldots, x_k$ と $y_1, x_2, \ldots, y_\ell$ をとるとき，(3.4.1) を証明せよ

3.2　数列 $\{x_n; n = 1, 2, \ldots\}$ が有界な非減少列である，すなわち，ある定数 c があり，$x_n \leq x_{n+1} < c$ が任意の $n \geq 1$ に対して成り立つ．このとき，ある b に対して，$n \to \infty$ のとき x_n が b に収束することを証明せよ．
（注：$n \to \infty$ のとき x_n が b に収束するとは，任意の $\epsilon > 0$ に対してある n_0 があり，任意の $n \geq n_0$ に対して $|x_n - b| < \epsilon$ が成り立つことを言い，$\lim_{n\to\infty} x_n = b$ と表す．）

第4章

ポアソン過程の不思議（1）

これまで3回に渡って確率と確率過程について説明してきましたと先生が話し始めたところでいきなり質問です．

一夫：先生はまだ一度も確率過程の説明をしていません．

美子：私もそう思います．

先生：いきなりのパンチですね．確かに，その通りでもあり，ちょっと違うとも言えます．確率過程とは時間的に変化する確率現象を表す数理モデルであり，宝くじもバスの待ち時間も確率過程の問題です．

美子：時間的に変化する現象であるとすると，バスの問題はともかく，なぜ宝くじの購入枚数が確率過程なのかわかりません．

先生：要は何を時間と見なすかという点です．購入枚数は $0, 1, 2, \ldots$ という非負の整数です．これを離散型の時間と見なし，n 枚購入したときの獲得金額を X_n とすれば，X_n は時刻 n での確率過程の値です．

美子：そうすると複数個の確率変数が出てくると確率過程になるのでしょうか．

先生：何に興味があるかに依ります．確率過程を構成するための準備として，確率変数の独立をもう一度確認しましょう．

4.1　独立な確率変数

前回，2つの確率変数 X_1 と X_2 が独立であるとは，任意の $B_1, B_2 \in \mathcal{B}(\mathbb{R})$

に対して,

$$\mathbb{P}(X_1 \in B_1, X_2 \in B_2) = \mathbb{P}(X_1 \in B_1)\mathbb{P}(X_2 \in B_2), \tag{4.1.1}$$

が成り立つことと定義しました．ここに $\mathbb{R} = (-\infty, +\infty)$ です．この条件は,

$$F(x_1, x_2) = \mathbb{P}(X_1 \leq x_1, X_2 \leq x_2)$$

により，2次元の分布関数を定義し，X_1, X_2 の分布関数を F_1, F_2 とするとき,

$$F(x_1, x_2) = F_1(x_1)F_2(x_2), \qquad x_1, x_2 \in \mathbb{R},$$

と同値であることが証明できます．2個以上の確率変数 $X_1, X_2, \ldots, X_k$ についても同様に $\mathbb{P}(\cap_{i=1}^k \{X_i \in B_i\})$ が $\mathbb{P}(X_i \in B_i)$ の積に等しくなる場合独立であるといいます.

一夫：先生ちょっと待ってください．$\mathbb{P}(X_1 \in B_1, X_2 \in B_2)$ とは事象 $\{\omega \in \Omega; X_1(\omega) \in B_1\}$ と $\{\omega \in \Omega; X_2(\omega) \in B_2\}$ が同時に起こる確率ですか.

先生：その通りです.

一夫：とすると $X_1(\omega) \in B_1$ かつ $X_2(\omega) \in B_2$ が成り立つ $\omega \in \Omega$ を集めた事象の確率ですね．このとき，$X_1(\omega)$ の値と $X_2(\omega)$ の値が関係ないといえるのでしょうか.

先生：確かに $\omega \in \Omega$ と $X_1(\omega) \in \mathbb{R}$ が1対1に対応し，X_2 が2つ以上の値を取る場合には，必然的に $X_1(\omega)$ と $X_2(\omega)$ は関係があります．しかし，1対1対応でなければ，関係なく値を取ることができます．詳しく説明しましょう.

標本空間 Ω の要素が $\omega = (\omega_1, \omega_2)$ のようなベクトルであるとします．すなわち，ある Ω_1 と Ω_2 があり,

$$\Omega = \{(\omega_1, \omega_2); \omega_1 \in \Omega_1, \omega_2 \in \Omega_2\}$$

と表すことができたとします．この集合 Ω は Ω_1 と Ω_2 の直積といい $\Omega_1 \times \Omega_2$ と表します．さらに，Ω_1 と Ω_2 を標本空間とする確率空間 $(\Omega_1, \mathcal{F}_1, \mathbb{P}_1)$ と $(\Omega_2, \mathcal{F}_2, \mathbb{P}_2)$ があるとし，X_1^* と X_2^* をこれらの確率空間で定義された確率変

数とします．このとき，各 $\omega = (\omega_1, \omega_2)$ に対して，

$$X_1(\omega) = X_1^*(\omega_1), \qquad X_2(\omega) = X_2^*(\omega_2)$$

により，X_1 と X_2 を定義します．こうすれば $X_1(\omega)$ と $X_2(\omega)$ の値が互いに関係なく取れます．

美子：先生得意の後出しですね．要するに都合のよい Ω を作ると言うことですね．

先生：まあ，その通りです．しかし，これだけでは X_1 と X_2 は独立になりません．

独立であるかないかは $(\Omega, \mathcal{F})$ 上の確率測度 $\mathbb{P}$ に依ります．例えば，$\Omega_1 = \Omega_2$ として，

$$\Omega_0 = \{(\omega_1, \omega_2) \in \Omega; \omega_1 = \omega_2\}$$

とおくとき，$\mathbb{P}(\Omega_0) = 1$ ならば，$X_1(\omega) = X_2(\omega)$ であり，$0 < \mathbb{P}(X_1 \in B) < 1$ ならば，

$$\begin{aligned}\mathbb{P}(X_1 \in B, X_2 \in B) &= \mathbb{P}(X_1 \in B) \\ &\neq \mathbb{P}(X_1 \in B)^2 = \mathbb{P}(X_1 \in B)\mathbb{P}(X_2 \in B)\end{aligned}$$

ですので，(4.1.1) が成り立ちません．したがって，X_1 と X_2 は独立ではありません．独立となるような $\mathbb{P}$ の作り方を考えてみましょう．

初めに，Ω の事象を表すために Ω 上に σ-集合体 $\mathcal{F}$ をうまく定義する必要があります（σ-集合体の定義については 1.1 節参照）．例えば，$A_1 \in \Omega_1, A_2 \in \Omega_2$ ならば，$A_1 \times A_2 \in \mathcal{F}$ であってほしいですね．そこで，

$$\mathcal{F}_0 = \{A_1 \times A_2; A_1 \in \mathcal{F}_1, A_2 \in \mathcal{F}_2\}$$

とおきます．この $\mathcal{F}_0$ は，$\mathcal{F}_1$ と $\mathcal{F}_2$ が Ω_1 と Ω_2 のすべての部分集合からなるときは σ-集合体になりますが，一般には σ-集合体ではありません．しかし，余計なものはなるべく入れたくないので，$\mathcal{F}_0$ を含む Ω 上の σ-集合体で最小となるものを $\mathcal{F}$ とします．このような $\mathcal{F}$ は $\mathcal{F}_0$ を含む Ω 上のすべての σ-集

合体の共通部分を取ることにより得られます．この $\mathcal{F}$ を $\mathcal{F}_0$ から生成された σ-集合体と呼び，$\mathcal{F}_1 \otimes \mathcal{F}_1$ と表します．

ここで問題です．X_1 と X_2 が独立となるためには $(\Omega, \mathcal{F})$ 上にどのように確率測度 $\mathbb{P}$ を定義すればよいでしょうか．

一夫：先生の説明は分かりにくいですね．どうも集合の集合は苦手です．よくわからないので，サイコロを2回投げる例で考えてみました．まず，

$$\Omega_1 = \Omega_2 = \{1, 2, \ldots, 6\}$$

とします．サイコロのどの目も同じように出やすいとし，i 回目に関する確率測度を $\mathbb{P}_i$ とすると

$$\mathbb{P}_i(\{j\}) = \frac{1}{6}, \qquad j = 1, 2, \ldots, 6,$$

です．また，1回目と2回目を同時に考えると，独立に投げた場合には

$$\mathbb{P}(\{(j,k)\}) = \frac{1}{36} = \mathbb{P}_1(\{j\})\mathbb{P}_2(\{k\}), \qquad j, k = 1, 2, \ldots, 6$$

です．これから，1回目の結果が $A_1 \in \mathcal{F}_1$ に入り，2回目の結果が $A_2 \in \mathcal{F}_2$ に入る Ω 上の事象を $A_1 \times A_2$ と表し，その確率を

$$\mathbb{P}(A_1 \times A_2) = \mathbb{P}_1(A_1)\mathbb{P}_2(A_2) \tag{4.1.2}$$

とすればよいと思います．一般の場合にも (4.1.2) が成り立てばよいのではないでしょうか．

先生：正解です．

美子：ちょっと待ってください．(4.1.2) は $A \equiv A_1 \times A_2 \in \mathcal{F}_0$ に対してのみ $\mathbb{P}(A)$ の値を決めています．しかし，先生は一般に $\mathcal{F}_0$ は σ-集合体でないと言われました．すなわち，$\mathcal{F}_0$ は $\mathcal{F}$ より小さい集合です．このとき，$\mathbb{P}$ は決まったと言えるのでしょうか．

先生：これだけでは言えませんが，1つに決まることを証明できます．

美子：(4.1.2) は確率測度 $\mathbb{P}$ を決める十分な情報をもっていると言うことですね．

先生：その通りです．要は $\mathcal{F}_0$ 上でうまく $\mathbb{P}$ を定義できればよいのです．例えば，独立でない場合には (4.1.2) とは違う定義になります．

これまでの話をまとめると，与えられた分布をもつ 2 つの確率変数が独立となるような確率空間が定義できました．同様にして，2 つ以上の確率変数に対しても独立となるような確率空間が定義できます．独立でない場合にもこの考え方を拡張することができます．

4.2　確率過程と標本空間

前節の確率変数 X_1, X_2 はランダムな実験を 2 回行った結果であるとします．このような実験を無限に繰り返すと，確率変数の列

$$X_1, X_2, X_3, \ldots$$

が得られます．2 回の実験では標本空間として集合の直積を使いました．同様に考えると，無限に続く確率変数列には，標本空間として無限個の直積が必要です．別の言葉で言えば，標本は無限次元のベクトルです．

無限次元のベクトル空間というと難しそうに聞こえますが，簡単になる場合もあります．例えば，コインを投げ，表ならば 1 裏ならば 0 とすると，コイン投げを繰り返した結果は $0, 1$ の列です．これを区間 $[0, 1]$ の数の 2 進展開であると見なし，例えば

$$0.111010100011010\ldots$$

のように表します．このように考えると $\Omega = [0, 1]$ です．この標本空間に対する σ-集合体 $\mathcal{F}$ は $[0, 1]$ 上のボレル集合体 $\mathcal{B}([0, 1])$ とします．

美子：ちょっと待ってください．$\Omega = [0, 1]$ とすると，$0.1000\ldots$ と $0.0111\ldots$ のように異なる 2 進展開でも同じ実数になる場合には，コイン投げの結果が異なっても標本 $\omega \in [0, 1]$ では区別がつかないのではないでしょうか？

先生：気がつきましたか．その通りです．ただし，コイン投げの場合には 0（または 1）が無限個続いて出る確率は 0 になるので，そのような結果を

1つの ω にまとめても問題ありません．しかし，標本空間として不自然なことも確かです．$(0,1]$ に入る同じ数で異なる2進展開をもつ数の集合を K とするとき，$\Omega = [0,1] \cup \{x+1; x \in K\}$ とすれば，コイン投げの結果を表す標本空間が得られます．なお，K は $(0,1]$ に含まれる有理数の全体に等しく可算集合（全ての要素に番号 $1, 2, \ldots$ を付けて並べることができる集合）であり，$\mathbb{P}(K) = 0$ です．

次に $[0,1]$ 上の一様分布を確率測度 $\mathbb{P}$ とします．すなわち，

$$\mathbb{P}((a,b]) = b - a, \qquad 0 \le a \le b,$$

です．このとき，標本 $\omega \in \Omega$ の2進展開の n 桁目を $X_n(\omega)$ とすると

$$\begin{aligned}&\mathbb{P}(X_1 = i_1, X_2 = i_2, \ldots, X_n)\\&\quad = \mathbb{P}([i_1 i_2 \ldots i_n 000\ldots, i_1 i_2 \ldots i_n 111\ldots)) = 2^{-n}\end{aligned}$$

です．ここに，i_j $(j = 1, 2, \ldots, n)$ は0または1です．これより，X_n はコイン投げの n 回目の結果を表していることがわかります．ただし，コインの表と裏が同じように出やすい場合です．

以上のようにしてコインを無限に投げ続けることに対する確率空間ができました．一見複雑そうに見える無限直積空間も意外に簡単になる場合があるのです．サイコロ投げの場合も同様です．しかし，コイン投げやサイコロ投げは有限回ならば標本空間は有限個の要素をもつ集合で十分でした．これが無限に続けると可算集合より複雑な実数の集合が標本空間として必要になることも事実です．結果を表す集合が実数の集合になったり，時間が連続になれば，標本空間をもっと複雑にする必要があります．

一般に，整数による番号が付いた確率変数の列 $\{X_n; n \in \mathbb{Z}\}$ を離散時間確率過程，実数による番号が付いた確率変数列 $\{X(t); t \in \mathbb{R}\}$ を連続時間確率過程と呼びます．また，各時刻での X_n や $X(t)$ の値を状態，状態の集合を状態空間と呼びます．これらの確率過程を定義するための標本空間として，$\mathbb{Z}$ や $\mathbb{R}$ を定義域とする関数の集合を使います．この場合の σ-集合体や確率測度の構成方法が考えられています．

この構成において，確率分布 $\mathbb{P}$ と確率過程 $\{X(t); t \in \mathbb{R}\}$ の関係には注意すべき点があります．確率変数の場合には，確率変数から分布関数（確率測

度と見なせます）を定義でき（式 (2.3.1)），逆に，任意の分布関数に従う確率変数を作ることができました（補題 2.3.1）．同様なことを実数を状態とする確率過程について考えると，任意の $n \geq 1$ と任意の $0 \leq s_1 < s_2 < \ldots < s_n$ に対して，結合分布

$$\mathbb{P}(X(s_1) \leq x_1, X(s_2) \leq x_2, \ldots X(s_n) \leq x_n), \qquad x_i \in \mathbb{R}$$

を与えれば，$\{X(t); t \in \mathbb{R}\}$ 全体の確率分布が唯 1 つ決まるかという問題があります．しかし，$X(t)$ が t の関数として連続であるなどの条件がないとうまくいきません．逆に，確率空間 $(\Omega, \mathcal{F}, \mathbb{P})$ が与えられたとき，確率測度 $\mathbb{P}$ に従う確率過程 $\{X(t); t \geq 0\}$ を作ることができるかという問題もあります（確率変数の場合の補題 2.3.1 に対応）．

一夫：先生，何かとても難しそうです．

先生：確率空間を具体的に構成することは確かに難しいのですが，実際には，構成できると信じて，中身については論じることは余りありません．

一夫：どうしてですか．

先生：役立つような結果が余りないないからです．しかし，ときには確率測度を考えることが重要な場合もありますので，注意が必要です．

美子：先生はいつも基礎から取り組もうとしていますね．

先生：そうですね．問題に取り組んでいて壁にぶつかったとき，最初から考え直すと意外に道が開けることがあります．すぐに役立つことはないと思いますが，一度は勉強しておくとよいでしょう．この辺で具体的な問題へ戻りましょう．

4.3　自然なランダムさをもつ到着

前回までで宿題となっていたことに，ランダムな到着がありました．そこで，客の到着過程を考えてみます．前回までの話では時刻 0 から始め，バスの到着時刻を a_n，到着間隔を S_n としていました．今回は客の到着ですので，記号を変えて，n 番目の客の到着時刻を t_n とし，到着間隔を $T_n = t_n - t_{n-1}$ としましょう．ここに，$t_0 = 0$ と約束します．これは時刻

0で客が来たためではなく，t_0という記号の約束です．さて，前節の説明から，$\{t_n; n=1,2,\ldots\}$と$\{T_n; n=1,2,\ldots\}$は離散時間確率過程です．

これらの離散時間過程を客の累積到着数で表すこと考えてみましょう．すなわち，時刻$t \geq 0$に対して，tまでに到着した客数を$N(t)$とします．数式で表すと

$$N(t) = \max\{n \geq 0; t_n \leq t\}$$

です．この$\{N(t); t \geq 0\}$は各時刻での値が非負の整数値である連続時間確率過程です．すなわち，状態空間は非負の整数の集合です．これを$\mathbb{Z}_+$と表します．この$N(t)$はランダムな事象が起こる回数を数えていますので，計数過程と呼ばれています．

計数過程$N(t)$が与えられているとき，n番目の計数時刻t_nは

$$t_n = \sup\{t \geq 0; N(t) \leq n\}$$

により得られますので，$\{t_n; n=1,2,\ldots\}$（または$\{T_n; n=1,2,\ldots\}$）について事象を考えることは$\{N(t); t \geq 0\}$について考えることと同値です．

次に，計数過程$\{N(t); t \geq 0\}$が時間的に一様かつ自然なランダムさをもつための確率測度$\mathbb{P}$を考えましょう．このための条件として，任意の$s, t \geq 0$に対して，

(i)　$\mathbb{P}(N(t+s) - N(s) = i) = \mathbb{P}(N(t) = i), \qquad i \in \mathbb{Z}_+ \equiv \{0, 1, 2, \ldots\}$,

(ii)　任意の正の整数nと非負の数$s_0 < s_1 < s_2 < \ldots < s_n$，$i_j \in \mathbb{Z}_+$ $(j = 1, 2, \ldots, n)$に対して

$$\begin{aligned}
&\mathbb{P}(N(s_1) - N(s_0) = i_1, N(s_2) - N(s_1) = i_2, \ldots, N(s_n) - N(s_{n-1}) = i_n) \\
&\quad = \mathbb{P}(N(s_1) - N(s_0) = i_1) \\
&\qquad\quad \times \mathbb{P}(N(s_2) - N(s_1) = i_2) \times \ldots \times \mathbb{P}(N(s_n) - N(s_{n-1}) = i_n)
\end{aligned}$$

が成り立つとします．(i)は時間をずらしても到着を表す確率法則が変わらないことを表しています．このため(i)は定常増分の条件と呼ばれています．(ii)の条件は

$$N(s_1) - N(s_0), N(s_2) - N(s_1), \ldots, N(s_n) - N(s_{n-1})$$

が独立な確率変数であることを表すので，互いに素な時間区間の到着は独立であることを表していまので，自然なランダムさを持つと考えます．(ii) は独立増分の条件と呼ばれています．(i) と (ii) の他に，話を簡単にするために次の 2 つを仮定します．

(iii)　$\mathbb{P}(N(0)=0)=1$，$\mathbb{P}(N(t)-N(t-)\leq 1)=1, \qquad t\geq 0,$

(iv)　$\lambda\equiv\mathbb{E}(N(1))<\infty$ かつ $\lambda>0$.

(iii) は同時刻の到着客数は 1，すなわち，客は 1 人ずつ到着するという条件です．(iv) の λ（ギリシャ小文字のラムダ）は平均到着率を表しています．(i) から (iv) の条件は分布を特に指定しない一般的な条件です．この 4 条件を満たす計数過程 $\{N(t);t\geq 0\}$ を率 λ のポアソン過程と呼びます．

4.4　ポアソン過程の確率法則

率 λ のポアソン過程の確率法則が唯 1 つ決ることを証明しましょう．これは $N(s_1)-N(s_0), N(s_2)-N(s_1),\ldots,N(s_n)-N(s_{n-1})$ の結合分布：

$$\mathbb{P}(N(s_1)-N(s_0)=i_1, N(s_2)-N(s_1)=i_2,\ldots,N(s_n)-N(s_{n-1})=i_n)$$

の値が決ることと同じです．このためには，条件 (i) と (ii) より，$N(t)$ の分布，すなわち，$\mathbb{P}(N(t)=k)$ の値が決まれば十分です．

この値を $n=0$ の場合から帰納的に求めます．$N(s+t)=0$ は $N(s)=0$ かつ $N(t+s)-N(s)=0$ と同値ですから，(i) と (ii) より

$$\begin{aligned}\mathbb{P}(N(s+t)=0) &= \mathbb{P}(N(s)=0, N(t+s)-N(s)=0)\\ &= \mathbb{P}(N(s)=0)\mathbb{P}(N(t+s)-N(s)=0)\\ &= \mathbb{P}(N(s)=0)\mathbb{P}(N(t)=0) \qquad (4.4.1)\end{aligned}$$

です．一方，確率の連続性から次の式が成り立ちます．

$$\lim_{t\downarrow 0}\mathbb{P}\left(N(t)=0\right)=\mathbb{P}(N(0)=0). \qquad (4.4.2)$$

一夫：ちょっと待って下さい．確率の連続性とは何ですか？

先生：事象の列 $A_1, A_2, \ldots$ が A へ収束するとき，$\lim_{n\to\infty}\mathbb{P}(A_n)=\mathbb{P}(A)$ が成り立つことです．ここに，$n\to\infty$ のとき A_n が A へ収束するとは，

$$\cup_{n=1}^{\infty}\cap_{\ell=n}^{\infty}A_\ell = A = \cap_{n=1}^{\infty}\cup_{\ell=n}^{\infty}A_\ell \tag{4.4.3}$$

が成り立つことです．このとき，$\lim_{n\to\infty}A_n=A$ と表します．

美子：この事象列の収束の定義は数列の上極限と下極限の定義に似ているようですが，もう少し詳しく説明していただけませんか？

先生：任意の $n\ge 1$ について，$A_n\subset\cup_{\ell=n}^{\infty}A_\ell$ です．ここで，右辺の $\cup_{\ell=n}^{\infty}A_\ell$ は n について減少するので，任意の $k\ge 1$ に対して $\cap_{n=k}^{\infty}\cup_{\ell=n}^{\infty}A_\ell=\cap_{n=1}^{\infty}\cup_{\ell=n}^{\infty}A_\ell$ です．従って，

$$\cap_{n=k}^{\infty}A_n\subset\cap_{n=k}^{\infty}\cup_{\ell=n}^{\infty}A_\ell=\cap_{n=1}^{\infty}\cup_{\ell=n}^{\infty}A_\ell, \qquad k\ge 1,$$

この式の右辺は k に依存しませんので，両辺を $k\ge 1$ について和集合を取ると

$$\cup_{k=1}^{\infty}\cap_{n=k}^{\infty}A_n\subset\cap_{n=1}^{\infty}\cup_{\ell=n}^{\infty}A_\ell \tag{4.4.4}$$

です．従って，(4.4.3) はこの式の両辺が等しいことを表しています．これは，数列の上極限と下極限が一致すれば極限が存在することと同じです．

一夫：集合と数を同じように考えるのか．先を続けて下さい．

(4.4.1) において，$s=0$，$t\downarrow 0$ とすると，(4.4.2) より $\mathbb{P}(N(0)=0)=(\mathbb{P}(N(0)=0))^2$ です．従って，$\mathbb{P}(N(0)=0)$ は 0 または 1 です．$\mathbb{P}(N(0)=0)=0$ ならば，再び (4.4.1) より，任意の $t\ge 0$ に対して $\mathbb{P}(N(t)=0)=0$ となり，(iii) と矛盾します．

したがって，任意の $t\ge 0$ に対して，$\mathbb{P}(N(t)=0)>0$ です．そこで，

$$f(t)=\log\mathbb{P}(N(t)=0)$$

により関数 $f(t)$ を定義します．$N(t)$ は右連続，すなわち，$\lim_{\epsilon\downarrow 0}N(t+\epsilon)=N(t)$ なので，$f(t)$ も右連続です．(4.4.1) の両辺の対数を取ることにより

$$f(s+t)=f(s)+f(t), \qquad s,t\ge 0, \tag{4.4.5}$$

が得られます．この方程式は未知の関数 f が満たす式なので，関数方程式と言います．この式を解いてみましょう．

(4.4.5) において，正の整数 m, n に対して $s = \frac{m-1}{n}$，$t = \frac{1}{n}$ とおくと

$$f\left(\frac{m}{n}\right) = f\left(\frac{m-1}{n}\right) + f\left(\frac{1}{n}\right)$$

であり，m を $m-1$ に置き換えて繰り返し使うと

$$f\left(\frac{m}{n}\right) = mf\left(\frac{1}{n}\right)$$

です．この式で，$m = n$ とおくと，$f(1) = nf\left(\frac{1}{n}\right)$ ですから，$f\left(\frac{m}{n}\right) = \frac{m}{n}f(1)$ です．任意の正の実数 t に対して，$m, n \to \infty$ のとき $\frac{m}{n} \downarrow t$ とするように m, n を選ぶことができるので，$f(t)$ の右連続性より，

$$f(t) = f(1)t, \qquad t \geq 0,$$

となります．$a = -\log f(1)$ とおきます．$f(t) \leq 0$ ですので，$a \geq 0$ です．これを $f(t)$ の定義式に代入すれば，

$$\mathbb{P}(N(t) = 0) = e^{-at}, \qquad t \geq 0, \tag{4.4.6}$$

です．$a = 0$ ならば $\mathbb{P}(N(t) = 0) = 1$ であり，(iv) の $\lambda > 0$ に矛盾します．よって，$a > 0$ です．事象 $\{N(t) = 0\}$ は事象 $\{T_1 > t\}$ に等しいので，

$$\mathbb{P}(T_1 \leq t) = 1 - \mathbb{P}(T_1 > t) = 1 - \mathbb{P}(N(t) = 0) = 1 - e^{-at}$$

であり，T_1 は指数分布に従います．

一夫：また，指数分布ですか．

美子：私は指数分布が出てくるのは当然であると思いました．もう少し詳しく説明すると，(4.4.1) の両辺を $\mathbb{P}(N(s) = 0)$ で割れば，

$$\mathbb{P}(N(s+t) - N(s) = 0 | N(s) = 0) = \mathbb{P}(N(t) = 0)$$

です．ここで，$N(t) = 0$ は $T_1 > t$ と同値であることに注意すると，この式は

$$\mathbb{P}(T_1 > s + t | T_1 > s) = \mathbb{P}(T_1 > t), \qquad s, t \geq 0,$$

と同じです．この式を t について $[0, \infty)$ で積分し，$s = x$ とすれば，前々回の (2.4.2) が得られます．従って，T_1 は指数分布に従うはずです．

先生：なかなかよい点に気がつきましたね．しかし，前々回の方法では $\mathbb{E}(T_1)$ が有限であることを仮定しました．このため今回は同じ式を別の方法で解きました．では話を続けさせてください．

次に $\mathbb{P}(N(t) = 1)$ を求めましょう．このために事象 $\{N(t) = 1\}$ を T_1 の値で分けると

$$\begin{aligned}\mathbb{P}(N(t) = 1) &= \int_0^t \mathbb{P}(N(t) = 0 | T_1 = u) \times (T_1 \text{の密度関数})\, du \\ &= \int_0^t \mathbb{P}(N(t-u) = 0) a e^{-au} du \\ &= \int_0^t e^{-a(t-u)} a e^{-au} du \\ &= a e^{-at} \int_0^t du = at e^{-at}\end{aligned}$$

です．同様にして，

$$\mathbb{P}(N(t) = \ell) = \int_0^t \mathbb{P}(N(t-u) = \ell - 1) a e^{-au} du$$

を $\ell = 2, 3, \ldots, k$ まで繰り返し使うと，$t \geq 0$ に対して，

$$\mathbb{P}(N(t) = k) = \frac{(at)^k}{k!} e^{-at}, \qquad k \in \mathbb{Z}_+, \tag{4.4.7}$$

が得られます．この確率分布をパラメータ at のポアソン分布と呼びます．さらに，期待値を計算すると

$$\mathbb{E}(N(t)) = \sum_{k=0}^{\infty} k \mathbb{P}(N(t) = k) = \sum_{k=1}^{\infty} \frac{(at)^k}{(k-1)!} e^{-at} = at$$

ですから，(iv) の $\lambda = \mathbb{E}(N(1))$ より，$a = \lambda$ です．

以上をまとめると $N(t)$ は平均 λt のポアソン分布に従うことがわかります．このようにして確率測度が決まる計数過程 $\{N(t); t \geq 0\}$ を率 λ のポアソン過程と呼びます．なお，到着間隔 $\{T_n; n = 1, 2, \ldots\}$ は独立で平均が $\dfrac{1}{\lambda}$ の同一の指数分布に従うこともわかります．

美子：一般的な仮定 (i)-(iv) から (4.4.7) の具体的な分布が決まってしまうことは不思議です．確かに計算すると (4.4.7) が出てきますが，なぜポアソン分布なのでしょうか．

先生：直感的な説明は難しいですね．$k!$ がなぜ出てくるか考えてみましょう．

時間区間 $[0, t]$ を十分小さく等分すれば，条件 (iii) より各区間に入る到着数が 0 または 1 になるようにできます．すなわち．等分数 n が十分に大きければ，n 個中 1 個の到着がある区間は k 個となり，どの区間も同程度に到着が起こりやすいので，

$$\mathbb{P}(N(t) = k) = \binom{n}{k} \left(\mathbb{P}\left(N\left(\frac{t}{n}\right) \geq 1 \right) \right)^k \left(\mathbb{P}\left(N\left(\frac{t}{n}\right) = 0 \right) \right)^{n-k} + o\left(\frac{1}{n}\right)$$

となります．ここに，$o\left(\frac{1}{n}\right)$ は $n \to \infty$ とする $n \times o\left(\frac{1}{n}\right)$ が 0 に近づくことを表しています．ちょっと乱暴な計算ですが，大まかな話であると思って聞いてください．一方，$\mathbb{P}(N(t/n) = 0) = e^{-\lambda t/n}$ と $e^{-x} = 1 - x + o(x)$ $(x \downarrow 0)$ より，

$$\mathbb{P}\left(N\left(\frac{t}{n}\right) \geq 1 \right) = 1 - \mathbb{P}\left(N\left(\frac{t}{n}\right) = 0 \right) = \frac{\lambda t}{n} + o\left(\frac{1}{n}\right)$$

ですから，

$$\mathbb{P}(N(t) = k) = \frac{(\lambda t)^k}{k!} \frac{n(n-1)\ldots(n-k+1)}{n^k} e^{-\lambda t \frac{n-k}{n}} + o\left(\frac{1}{n}\right)$$

です．したがって，$n \to \infty$ とすれば，ポアソン分布が得られます．

美子：1つ1つは起こる確率が小さい事象が多数あり，その中からk個を選び出すために$(\lambda t)^k$と$k!$が出てきたわけですね．

先生：その通りです．この考え方を使うと多数の計数過程があり，どの計数過程の事象の起こり方も小さいとき，これらの計数過程の和はポアソン過程になることが予想されます．実際に各種の条件の下で確かめられていて，小数の法則と呼ばれています．

美子：小数の法則は大きな集団から客の到着が発生する場合によく当てはまりそうですね．

一夫：難しい話がありましたが，最後は案外簡単な結果になるのですね．

先生：そうですね．ポアソン過程にはこの他にも簡単で面白い結果があります．次回にその話をしましょう．

4.5　演習問題

4.1　$0 < x \leq 1$を満たす実数xに対して，次のことを証明せよ．

(a)　異なる2進展開をもつならば，xは有理数である．

(b)　(a)のxを全て集めた集合をKとするとき，Kは可算である．

4.2　事象$A \in \mathcal{F}$に対して，$\omega \in A$ならば，$\{\omega\} \in \mathcal{F}$かつ$\mathbb{P}(\{\omega\}) = 0$が成り立つとき，

(a)　Aが可算集合ならば，$\mathbb{P}(A) = 0$であることを示せ．

(b)　Aが非可算集合であるとき，$\mathbb{P}(A) \neq 0$となる例を述べよ．

4.3　事象列$A_n \in \mathcal{F}$, $n = 1, 2, \ldots$がすべての$n \geq 1$に対して$A_n \subset A_{n+1}$を満たすならば，$\lim_{n \to \infty} A_n = \cup_{\ell=1}^{\infty} A_\ell$が成り立つことを証明せよ．

4.4　確率変数X, Yが独立で，それぞれパラメータλ, μのポアソン分布に従うとする．

(a)　Xの分散$\mathrm{Var}(X)$を求めよ．

(b)　非負の整数kに対して$\mathbb{P}(X + Y = k)$の値を求めよ．

(c)　(b)から$X + Y$の分布についてどのようなことが言えるか．

第 5 章

ポアソン過程の不思議（2）

前回に引き続きポアソン過程の話です．その前に宿題になっている大数の法則の証明をします．

5.1 大数の法則の証明

まず，大数の法則について復習します．$X_1, X_2, \ldots$ を独立で同一の分布 F に従う確率変数の列とします．これらの確率変数の期待値（すなわち，F の平均）を $\mathbb{E}(X)$ により表し，有限であると仮定します．このとき，

$$\lim_{n\to\infty} \frac{1}{n} \left(X_1(\omega) + X_2(\omega) + \ldots + X_n(\omega)\right) = \mathbb{E}(X)$$

となる ω の集合を Ω_0 とするとき，$\mathbb{P}(\Omega_0) = 1$ が成り立つことを大数の法則（または大数の強法則）と言います．このことを確率変数の式を使って，

$$\lim_{n\to\infty} \frac{1}{n} \left(X_1 + X_2 + \ldots + X_n\right) = \mathbb{E}(X) \tag{5.1.1}$$

が確率 1 で成り立つと言います．標本 $\omega \in \Omega$ が省略された形ですので気をつけて下さい．

以前に説明したように (5.1.1) は X_ℓ の値の出現頻度が共通の分布 F に近づくことから容易に推測されます．しかし，証明を行うためには，個々の値の出現頻度ではなく，$n = 1, 2, \ldots$ に対して，標本平均 $\overline{X}_n$ を

$$\overline{X}_n = \frac{1}{n} \left(X_1 + X_2 + \ldots + X_n\right)$$

により定義し，どんな標本 $\omega \in \Omega$ に対しても $\overline{X}_n(\omega)$ が定数 $\mathbb{E}(X)$ に近づくことを示す必要があります．簡単に言うと n が大きくなれば $\overline{X}_n$ の値のバラツキが小さくなることを示せばよいことになります．しかし，分布 F の分散は有限であると仮定していませんので，単純に分散を計算するわけにはいきません．

一夫：分散が発散しているときにも大数の法則 (5.1.1) が成り立つのですか．
先生：成り立ちます．不思議に思われるかもしれませんが，大きな値が出てもその効果は $\dfrac{1}{n}$ であり，n を大きくすると消えてしまうのです．
美子：どのように消えていくかを証明しなければならないのですね．
先生：その通りです．このために n までの最大値 $\displaystyle\max_{1\leq \ell \leq n} \overline{X}_\ell$ が $n \to \infty$ でも大きくならないことと，最小値 $\displaystyle\min_{1\leq \ell \leq n} \overline{X}_\ell$ が大きな負の数にならないことを示します．
一夫：だんだん難しくなってきましたが，先に進んで下さい．

これからの証明では，数列 $\{x_\ell; \ell = 1, 2, \ldots\}$ の番号をずらして数列 $\{x_{\ell+n}; \ell = 1, 2, \ldots\}$ に変換する作用素を θ_n により表します．すなわち，

$$\theta_n \circ (\{x_\ell; \ell = 1, 2, \ldots\}) = \{x_{\ell+n}; \ell = 1, 2, \ldots\}$$

です．この作用素を繰り返して適用するとき $\theta_m \circ \theta_n$ のように表します．

$$\theta_m \circ \theta_n = \theta_{m+n}$$

が成り立つことはすぐ分かると思います．この作用素を確率変数列 $\boldsymbol{X} \equiv \{X_\ell; \ell = 1, 2, \ldots\}$ に適用します．このとき，無限次元ベクトル空間 $\mathbb{R}^\infty$ の任意のボレル集合 $\boldsymbol{B}$ に対して，

$$\{\omega \in \Omega; \boldsymbol{X}(\omega) \in \boldsymbol{B}\} = \{\omega \in \Omega; \theta_1 \circ \boldsymbol{X}(\omega) \in \boldsymbol{B}\} \tag{5.1.2}$$

となる事象 $\{\boldsymbol{X} \in \boldsymbol{B}\}$ をすべて集めたものは，Ω 上の σ-集合体となります（演習問題 5.1(a)）．この集合体を $\mathcal{I}_X$ と表し，θ_n-不変な σ-集合体と呼びます．なお，$\theta_1 \circ X_n(\omega) = X_{n+1}(\omega)$ とします．

$X_1, X_2, \ldots, X_n$ が同一の分布に従うことから，$A \in \mathcal{I}_X$ に対して，

$$\mathbb{P}(\theta_1 \circ (X_1, X_2, \ldots, X_n) \in \boldsymbol{B}_n, A) = \mathbb{P}((X_1, X_2, \ldots, X_n) \in \boldsymbol{B}_n, A) \tag{5.1.3}$$

です．ここに，$\boldsymbol{B}_n$ は n-次元ベクトル空間 $\mathbb{R}^n$ のボレル集合です．

σ-集合体 $\mathcal{I}_X$ に入る事象の例を考えてみましょう．始めに $\{\overline{X}_n; n = 1, 2, \ldots\}$ の上極限を $\limsup_{n\to\infty} \overline{X}_n$，下極限を $\liminf_{n\to\infty} \overline{X}_n$ と表します．

一夫：先生，ちょっと待ってください．上極限，下極限の定義が分かりません．

先生：数列 $\{x_n\}$ の上極限とは，n の単調減少列 $\sup_{\ell \geq n}\{x_\ell\}$ を $n \to \infty$ としたときの極限を取ったものです．ここに，sup は上限，すなわち，どの x_ℓ も越えることができない数で最小のものです．下極限は sup を下限 inf に置き換えたものです．

一夫：なんとなく分かりますが，極限のイメージがわきません．

先生：極限は具体的にあるものと考えるより，架空のものと考えるのがよいかもしれません．では，話を続けます．

先に述べた上極限が定数 a 以下となる，すなわち，$\limsup_{n\to\infty} \overline{X}_n \leq a$ となる事象は，$\{X_\ell\}$ の番号をずらしても変わりませんので，θ_n-不変な σ-集合体 $\mathcal{I}_X$ に入ります（演習問題 5.1(b)）．下極限についても同じことが言えます．一般に上極限と下極限が一致するとき極限が得られます．さらに，下極限は上極限を超えることはないので，大数の法則を証明することは

$$\limsup_{n\to\infty} \overline{X}_n \leq \mathbb{E}(X) \leq \liminf_{n\to\infty} \overline{X}_n \tag{5.1.4}$$

が確率 1 で成り立つことを証明すればよいことになります．

5.2 最大不等式

これからが証明の本番です．まず，$Y_n = X_1 + X_2 + \ldots + X_n$ とおき，

$$\mathbb{E}\left(X_1 1_{A\cap\{\sup_{n\geq 1} Y_n > 0\}}\right) \geq 0, \qquad \forall A \in \mathcal{I}_X \tag{5.2.1}$$

が成り立つことを示します．(5.2.1) を最大不等式と呼びます．ここに，1_B は事象 B が真ならば 1，偽ならば 0 を取る関数です．$Z_n = \sup_{1 \le \ell \le n} Y_\ell$ とおきます．θ_1 の定義より，$X_2 + \ldots + X_n = \theta_1 \circ Y_{n-1}$ ですから，

$$
\begin{aligned}
Z_n &= X_1 + \max\left(0, \sup_{2 \le \ell \le n} (X_2 + \ldots + X_\ell)\right) \\
&= X_1 + \max\left(0, \sup_{2 \le \ell \le n} \theta_1 \circ Y_{\ell-1}\right) \\
&= X_1 + \theta_1 \circ \max(0, Z_{n-1}).
\end{aligned}
$$

さらに，この式の両辺に $1_{A \cap \{Z_n > 0\}}$ をかけると，$Z_n 1_{A \cap \{Z_n > 0\}} = \max(0, Z_n) 1_A$ であり，$Z_{n-1} \le Z_n$ ですから，

$$
\begin{aligned}
X_1 1_{A \cap \{Z_n > 0\}} &= \max(0, Z_n) 1_A - [\theta_1 \circ \max(0, Z_{n-1})] 1_{A \cap \{Z_n > 0\}} \\
&\ge \max(0, Z_n) 1_A - [\theta_1 \circ \max(0, Z_n)] 1_A
\end{aligned}
$$

となります．$A \in \mathcal{I}_X$ より，$\theta_1 \circ 1_A = 1_A$ ですから，上の式の両辺の期待値をとれば，(5.1.3) より

$$
\mathbb{E}(X_1 1_{A \cap \{Z_n > 0\}}) \ge \mathbb{E}\left(\max(0, Z_n) 1_A\right) - \mathbb{E}\left(\theta_1 \circ [\max(0, Z_n) 1_A]\right) = 0
$$

です．この式で $n \to \infty$ とすれば，Z_n は n について非減少ですので，$X_1 1_{A \cap \{Z_n > 0\}} \to X_1 1_{A \cap \{\sup_{n \ge 1} Y_n > 0\}}$ です．仮定より $\mathbb{E}(X_1)$ は有限ですから，

$$
\lim_{n \to \infty} \mathbb{E}\left(X_1 1_{A \cap \{Z_n > 0\}}\right) = \mathbb{E}\left(X_1 1_{A \cap \{\sup_{n \ge 1} Y_n > 0\}}\right) \tag{5.2.2}
$$

が証明できます．したがって，(5.2.1) が得られました．

一夫：難しくなってきました．(5.2.2) において極限が期待値の中に入ることがよくわかりません．

先生：期待値は積分と同じようなものですから，積分の場合と同じように考えればよいのです．正確には次の定理を使っています．

有界収束定理 確率変数列 Y_n が Y へ確率 1 で収束するとき，ある非負で有限な期待値をもつ確率変数 Z に対して，

$$|Y_n| \le Z, \qquad n = 1, 2, \ldots$$

が成り立つならば，

$$\lim_{n\to\infty} \mathbb{E}(Y_n) = \mathbb{E}(Y)$$

が成り立つ．

では，証明を続けます．$Y_n = n\overline{X}_n$ ですから，$\sup_{n\ge1} Y_n > 0$ と $\sup_{n\ge1} \overline{X}_n > 0$ は同値です．よって，(5.2.1) より，

$$\mathbb{E}\left(X_1 1_{A\cap\{\sup_{n\ge1}\overline{X}_n>0\}}\right) \ge 0, \qquad \forall A \in \mathcal{I}_X$$

です．さらに，任意の実数 $\epsilon > 0$ に対して，

$$\frac{1}{n}\sum_{\ell=1}^{n}(X_\ell - \mathbb{E}(X) - \epsilon) = \overline{X}_n - \mathbb{E}(X) - \epsilon$$

ですから，X_n を $X_n - \mathbb{E}(X) - \epsilon$ に置き換えたとき，

$$\mathbb{E}\left((X_1 - \mathbb{E}(X) - \epsilon)1_{A\cap\{\sup_{n\ge1}\overline{X}_n>\mathbb{E}(X)+\epsilon\}}\right) \ge 0, \qquad \forall A \in \mathcal{I}_X \qquad (5.2.3)$$

が成り立ちます．ここで，

$$M_\epsilon = \left\{\limsup_{n\to\infty} \overline{X}_n > \mathbb{E}(X) + \epsilon\right\}$$

とおきます．$M_\epsilon \in \mathcal{I}_X$ であり（演習問題 5.1(c)），

$$M_\epsilon \subset \left\{\sup_{n\ge1} \overline{X}_n > \mathbb{E}(X) + \epsilon\right\}$$

ですから，(5.2.3) で $A = M_\epsilon$ とすれば，

$$\mathbb{E}\left((X_1 - \mathbb{E}(X))1_{M_\epsilon}\right) \ge \epsilon\mathbb{P}(M_\epsilon) \qquad (5.2.4)$$

です．さらに，X_1 に関係なく $\limsup_{n\to\infty} \overline{X}_n$ の値が決まりますので，$X_1 - \mathbb{E}(X)$ と M_ϵ は独立です．

一夫：ちょっと待ってください．$\limsup_{n\to\infty}\overline{X}_n$ と X_1 が独立であることが今ひとつ納得できません．

先生：確かに，すべての $\overline{X}_n$ は X_1 を含んでいますが，

$$\overline{X}_n = \frac{X_1}{n} + \frac{n-1}{n}\frac{1}{n-1}(X_2 + X_3 + \ldots + X_n)$$

であり，$n \to \infty$ のとき $X_1/n \to 0$ ですから，X_1 と $X_2, X_3, \ldots, X_n$ が独立であることより，$\limsup_{n\to\infty}\overline{X}_n$ の値は X_1 に関係なく決まります．

一夫：極限のマジックですね．でもわかったような気がしてきました．

したがって，この独立性から (5.2.4) 式の左辺は

$$\mathbb{E}\left((X_1 - \mathbb{E}(X))1_{M_\epsilon}\right) = \mathbb{E}\left(X_1 - \mathbb{E}(X)\right)\mathbb{P}\left(M_\epsilon\right) = 0$$

となります．$\epsilon > 0$ ですから，$\mathbb{P}(M_\epsilon) = 0$ が得られました．よって，$\epsilon \downarrow 0$ とすれば，

$$\mathbb{P}\left(\limsup_{n\to\infty}\overline{X}_n > \mathbb{E}(X)\right) = \lim_{\epsilon\downarrow 0}\mathbb{P}(M_\epsilon) = 0$$

です．さらに，X_n を $-X_n$ に置き換えることにより，

$$\mathbb{P}\left(\liminf_{n\to\infty}\overline{X}_n < \mathbb{E}(X)\right) = 0$$

も得られます．これら2つの結果から，

$$\mathbb{P}\left(\limsup_{n\to\infty}\overline{X}_n \leq \mathbb{E}(X)\right) = \mathbb{P}\left(\liminf_{n\to\infty}\overline{X}_n \geq \mathbb{E}(X)\right) = 1$$

ですから，(5.1.4) が確率1で成り立ち，大数の法則 (5.1.1) が証明されました．

美子：証明は思ったほど複雑ではありませんでしたが，θ_n の役割がよく理解できません．

先生：θ_n によって，$\{X_\ell\}$ の番号をずらす操作をしても確率法則が変わらないところがポイントです．(5.1.3) はこれを式で表したものです．一般にある操作をしても変わらない特性を調べることは重要です．

美子：ランダムな現象の中に不変な量を見つけると言うことですか．

先生：その通りです．そのような量を手がかりにしていろいろな計算が可能となります．

5.3 PASTA

これからは $\{A(t); t \geq 0\}$ を率 $\lambda > 0$ のポアソン過程とします．すなわち，$A(t)$ は時刻 t までに起きたランダムな事象の生起回数であり，こららの事象が起きた時刻を順番に $a_1, a_2, \ldots$ とし，$a_0 = 0$ とおき時間間隔を

$$A_n = a_n - a_{n-1}, \qquad n = 1, 2, \ldots$$

とすれば，$A_1, A_2, \ldots$ は独立で同一の指数分布に従います．また，この指数分布の平均は $1/\lambda$ です．$a_n = A_1 + A_2 + \ldots + A_n$ ですから，大数の法則 (5.1.1) より

$$\lim_{n \to \infty} \frac{a_n}{n} = \frac{1}{\lambda} \tag{5.3.1}$$

が確率 1 で成り立ちます．

3.2 節で説明した関係式 (3.2.1) の証明をしましょう．忘れた人も多いと思いますので，少し形を変え初めから説明します．初めに $\{X(t); t \geq 0\}$ を連続時間確率過程とします．$X(t)$ のとる値はベクトルでも良いのですがここでは簡単のために実数値とします．次に f を実数を変数とする有界な実数値関数とします．このとき，つぎの 2 つの条件を仮定します．

(i) 各 $t > 0$ に対して，$\{X(u); u < t\}$ と $\{A(u) - A(t); u \geq t\}$ は独立．

(ii) 時間平均 $\displaystyle\lim_{t \to \infty} \frac{1}{t} \int_0^t f(X(u))du$ が確率 1 で存在する．

条件 (i) は $X(u)$ の時刻 t までの履歴が t 以後に起こる $A(\cdot)$ の事象と独立であることを表しています．例えば，$X(t-)$ を時刻 t の直前に銀行の ATM に並んでいる人の数とすると，客の来店が並んでいる人数に関係なければ，$X(t-)$ と時刻 t 以降の到着とは独立です．なお，$X(t-)$ と時刻 t より前の到着を表す $\{A(u); u < t\}$ は独立ではありません．

条件 (i) と (ii) の下で，

$$\lim_{t\to\infty}\mathbb{E}\left(\frac{1}{t}\int_0^t f(X(u))du\right)=\lim_{n\to\infty}\mathbb{E}\left(\frac{1}{n}\sum_{\ell=1}^{n}f(X(a_\ell-))\right)\tag{5.3.2}$$

が成り立つことを証明しましょう．この式はポアソン過程に従う事象発生時刻で観測した $f(X(t))$ の値がその時間平均に等しいことから，Poisson Arrivals See Time Average の頭文字を取って PASTA と呼ばれています．

(5.3.2) は期待値を取っているので，3.2 節の (3.2.1)，すなわち，

$$\lim_{t\to\infty}\frac{1}{t}\int_0^t f(X(u))du=\lim_{n\to\infty}\frac{1}{n}\sum_{\ell=1}^{n}f(X(a_\ell-))\tag{5.3.3}$$

が確率 1 で成り立つことと異なります．ここでは関数 f は有界ですから，有界収束定理により，(5.3.3) ならば，両辺の期待値を取ることにより，(5.3.2) が得られます．一方，(5.3.3) の両辺がそれぞれ確率 1 で定数に等しいならば，逆も成り立ちます．これは，(5.3.2) が成り立つならば，これらの定数は等しいので (5.3.3) が得られるからです．したがって，(5.3.2) は (5.3.3) より弱い結果であるが，近い結果であると言うことができます．

美子：先生，3.2 節では (5.3.3) が成り立つとして説明していたことを思い出してきました．でも $f(X(t))$ に対応する量が有界であると仮定しなかったと思います．

先生：その通りです．有界であるという仮定は成立条件と証明を簡単にするためです．例えば，$X(t)$ の分布が $t\to\infty$ のとき確率分布に収束するならば有界という条件は必要ありません．

一夫：今回は極限の続出ですね．私は打ちのめされそうです．でも，PASTA は料理のパスタみたいでほっとします．

先生：PASTA を考えた人も極限ぎらいだったのかもしれません．しかし，後述するようにこの極限を外すことはできません．極限を取ることによって初めて不変な関係を表す式 (5.3.2) が得られるのです．それでは証明に取りかかりましょう．

初めに，$\ell=1,2,\ldots$ に対して，

$$\lambda \mathbb{E}\left(\int_{a_{\ell-1}}^{a_\ell} f(X(u))du\right) = \mathbb{E}(f(X(a_\ell -))) \tag{5.3.4}$$

を示します．$a_\ell = A_\ell + a_{\ell-1}$ ですから，A_ℓ が $a_{\ell-1}$ と独立であり，平均 $1/\lambda$ の指数分布に従うことから

$$\begin{aligned}
(5.3.4)\text{ の左辺} &= \lambda \mathbb{E}\left(\int_0^{A_\ell} f(X(a_{\ell-1}+u))du\right) \\
&= \lambda \mathbb{E}\left(\int_0^{\infty} f(X(a_{\ell-1}+u-))1(A_\ell \geq u)du\right) \\
&= \lambda \int_0^{\infty} \mathbb{E}\left(f(X(a_{\ell-1}+u-))\right) \mathbb{P}(A_\ell \geq u)du \\
&= \int_0^{\infty} \mathbb{E}\left(f(X(a_{\ell-1}+u-))\right) \lambda e^{-\lambda u} du \\
&= \mathbb{E}\left(f(X(a_{\ell-1}+A_\ell -))\right) = \mathbb{E}\left(f(X(a_\ell -))\right)
\end{aligned}$$

が得られます．すなわち，(5.3.4) が証明されました．2 番目の等式で u が $u-$ に変わっていますが，これは du についての積分ですので，変えても変えなくとも成り立ちます．しかし，3 番目の等式では $X(a_{\ell-1}+u-)$ とすることが必要です．これは，条件 (i) を使って，$\{X(a_{\ell-1}+u-)\}$ と $\{A_\ell \geq u\}$ が独立な事象であることを使うためです．

(5.3.4) を，$\ell = 1, 2, \ldots, n$ まで加えると

$$\lambda \mathbb{E}\left(\int_0^{a_n} f(X(u))du\right) = \mathbb{E}\left(\sum_{\ell=1}^{n} f(X(a_\ell -))\right)$$

が得られます．$\mathbb{E}(a_n) = n/\lambda$ ですから，この式の両辺を n で割ると

$$\mathbb{E}\left(\frac{1}{\mathbb{E}(a_n)} \int_0^{a_n} f(X(u))du\right) = \mathbb{E}\left(\frac{1}{n} \sum_{\ell=1}^{n} f(X(a_\ell -))\right) \tag{5.3.5}$$

です．この式と (5.3.2) を比べると大分近いことが分かりますが，(5.3.2) の極限を外した式とは左辺が異なります．これが先に述べた極限を外せないということです．

次に $n \to \infty$ のとき (5.3.5) の左辺が (5.3.2) の左辺に収束すること，すなわち，

$$\lim_{n\to\infty} \mathbb{E}\left(\frac{\lambda a_n}{n}\frac{1}{a_n}\int_0^{a_n} f(X(u))du\right)$$
$$= \lim_{t\to\infty} \mathbb{E}\left(\frac{1}{t}\int_0^t f(X(u))du\right) \tag{5.3.6}$$

を証明しましょう．(5.3.5) と (5.3.6) から (5.3.2) が得られます．大数の法則 (5.3.1) から，(5.3.6) が成り立つことは直感的に明かでが，$\dfrac{a_n}{n}$ は有界ではありませんので，期待値の外からの極限操作には証明が必要です．

そこで，$c > 1/\lambda$ である定数 c を使って，(5.3.6) の左辺の期待値の中を $\{a_n > cn\}$ が成り立つ場合と $\{a_n \leq cn\}$ が成り立つ場合の 2 つに分けて証明します．前者の場合に期待値が 0 へ収束すれば，後者の場合には $\dfrac{a_n}{n} \leq c$ ですから，有界収束定理が適用でき (5.3.6) が得られます．このために，t_n の密度関数を求めます．a_n の分布関数を G_n とすると，$a_n \leq t$ と $A(t) \geq n$ が同値であることから，

$$G_n(t) = \mathbb{P}(a_n \leq t) = \mathbb{E}(A(t) \geq n)$$
$$= 1 - \sum_{\ell=0}^{n-1} \mathbb{P}(A(t) = \ell) = 1 - \sum_{\ell=0}^{n-1} \frac{(\lambda t)^\ell}{\ell!} e^{-\lambda t}, \qquad t \geq 0$$

と計算されます．したがって，密度関数を g_n とすると，

$$g_n(t) = \frac{d}{dt} G_n(t)$$
$$= -\sum_{\ell=1}^{n-1} \ell \frac{\lambda^\ell t^{\ell-1}}{\ell!} e^{-\lambda t} + \sum_{\ell=0}^{n-1} \lambda \frac{\lambda^\ell t^\ell}{\ell!} e^{-\lambda t} = \frac{\lambda^n t^{n-1}}{(n-1)!} e^{-\lambda t}$$

です．この G_n を n 次のアーラン分布と呼びます．

$\{a_n > cn\}$ が成り立つ場合について考えてみましょう．

$$\mathbb{E}\left(\frac{\lambda a_n}{n} 1(a_n > cn)\right) = \frac{\lambda}{n}\int_{cn}^{\infty} t g_n(t) dt$$

$$= \int_{cn}^{\infty} \frac{\lambda^{n+1} t^n}{n!} e^{-\lambda t} dt$$
$$= \int_{cn}^{\infty} g_{n+1}(t) dt = \mathbb{P}(a_{n+1} > cn)$$

です．(5.3.1) より，$n \to \infty$ とすると $\mathbb{P}(a_{n+1} > cn) \to 0$ です．これより，f の上限を M とすると，仮定より $M < \infty$ ですから，

$$\limsup_{n\to\infty} \mathbb{E}\Big(\frac{\lambda a_n}{n} 1(a_n > cn) \frac{1}{a_n} \int_0^{a_n} f(X(u)) du\Big)$$
$$\leq \limsup_{n\to\infty} M\mathbb{E}\Big(\frac{\lambda a_n}{n} 1(a_n > cn)\Big) = 0$$

となります．一方，$\{a_n \leq cn\}$ が成り立つ場合には，(5.3.1) と $c > 1/\lambda$ より，確率 1 で

$$\lim_{n\to\infty} \frac{a_n}{n} 1(a_n \leq cn) = \frac{1}{\lambda}$$

が成り立ちます．したがって，有界収束定理と条件 (ii) より，

$$\lim_{n\to\infty} \mathbb{E}\left(\frac{\lambda a_n}{n} 1(a_n \leq cn) \frac{1}{a_n} \int_0^{a_n} f(X(u)) du\right)$$
$$= \mathbb{E}\left(\lim_{n\to\infty} \frac{1}{a_n} \int_0^{a_n} f(X(u)) du\right)$$
$$= \mathbb{E}\left(\lim_{t\to\infty} \frac{1}{t} \int_0^{t} f(X(u)) du\right) = \lim_{t\to\infty} \mathbb{E}\left(\frac{1}{t} \int_0^{t} f(X(u)) du\right)$$

です．したがって，(5.3.6) が成り立ち，(5.3.2) が証明されました．

一夫：先生，証明はたいへんですね．でもだんだんわかって来たような気がします．ところで，(5.3.2) の応用例は 3 章の例の他にもあるのでしょうか．

先生：あります．待ち行列の話をしましょう．

5.4　待ち行列問題への応用

サービスを提供するシステムに客が到着し，サービス終了後立ち去るとし

ます．このとき，システムの混雑を数値的に評価する確率モデルを待ち行列モデルと言います．スーパーのレジや銀行のATMなどの待ち行列はその例す．待ち行列はこのような実際に並ぶ現象だけではなく，情報通信ネットワークや生産システムの中にもできます．混雑のあるところにはどこでも待ち行列があるといえます．

さて，このような待ち行列モデルで客がポアソン過程にしたがって到着する場合を考えてみます．サービス窓口が1つあり，到着した客は待ち行列を作って先着順にサービスを受けるとします．このとき，$X(t)$ を時刻 t でのサービス中の客も含めた待ち客数とします．ここで，客のサービス時間は到着時刻と独立であるとすると，ポアソン過程の仮定から条件 (i) が成り立ちます．さらに，サービス時間は独立で同一の分布に従うとすると，条件 (ii) は待ち行列が長時間にわたって安定である，すなわち，無限に大きくなることがない場合に成り立つことが知られています．したがって，システムが安定ならば，(5.3.2) より，

$$(\text{待ち人数の時間平均}) = (\text{客が到着する直前の待ち人数の平均})$$

が成り立ちます．

同様なことが，$X(t)$ が時刻 t での未処理の総サービス量の場合にも言えます．このような量を残余仕事量と呼びます．窓口が1単位のサービス量をサービスする時間が1であるとすると，客が到着する直前の残余仕事量はその客の待ち時間に等しいので，(5.3.2) より，

$$(\text{残余仕事量の時間平均}) = (\text{客の待ち時間の平均})$$

が得られます．

ここで質問です．客の到着直前の待ち人数は，客の到着直後に1だけ増加します．また，残余仕事量も客の到着直後に到着客のサービス量の分だけ増加します．それにも関わらずなぜ上記の2つの関係式が成り立つのでしょう．

一夫：$X(t)$ が小さな値をとる瞬間を選んで平均を取っているのに，なぜすべての t での平均に一致するかという質問ですね．

先生：その通りです．

美子：確かに客の到着時刻では，直前の小さな値を取っていますが，客が退去によって減っていく場合が無視されています．

一夫：なるほど．でも，等号の説明ではないように思うけど．

美子：自然なランダムさで観測時刻を選んで平均を取っているというのはどうでしょうか．ここで，問題となるのは，観測者が客なので，観測時刻で $X(t)$ が増加してしまうことです．しかし，指数分布の無記憶性から，直前の観測というのは到着間隔において時刻をランダムに選んでいることと同じであるためというのはどうですか．

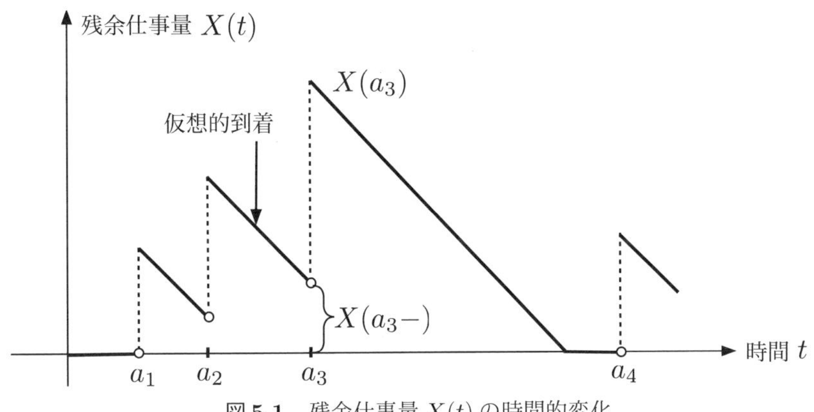

図 5.1　残余仕事量 $X(t)$ の時間的変化

先生：正解です．客とランダムに選んだ時刻に到着する仮想的な観測者を使い分けるところが味噌ですね（図 5.1 参照）．(5.3.4) がこれを表す式です．しかし，到着が起こる頻度は λ ですので，(5.3.4) の左辺を λ 倍して調整しています．

美子：2 つ質問があります．(5.3.2) の関係式はこれまでの例の他に役立つことがあるのでしょうか．また，到着がポアソン過程でない場合にも成り立つのでしょうか．

先生：他に具体的に役立つ例があります．例えば，上記の待ち行列の例で，平均待ち時間や平均待ち人数を (5.3.2) を使って簡単に計算できます．残念ながら，ポアソン過程でない場合には一般に (5.3.2) は成立しません．しかし，部分的に時間区間を取り出すとポアソン過程と同じであると見なせる場合がよくあり，(5.3.2) は成立しませんが，類似の関係式が成り立ちます．次回はこのような問題を論じるための確率過程としてマルコフ連鎖について話します．

5.5　演習問題

5.1 $\mathcal{I}_X$ を (5.1.2) を満たす Ω の部分集合 $\{\boldsymbol{X} \in \boldsymbol{B}\}$ を $\boldsymbol{B} \in \mathcal{B}(\mathbb{R}^\infty)$ に対して全て集めた集合とする．

(a) $\mathcal{I}_X$ が Ω 上の σ-集合体であることを証明せよ．

(b) $\{\limsup_{n\to\infty} \overline{X}_n \le a\} \in \mathcal{I}_X$ を示せ．

(c) $M_\epsilon \in \mathcal{I}_X$ を示せ．

5.2 T を非負値を取る確率変数とする．

(a) T が平均 $1/\lambda$ の指数分布に従うとき，非負値関数 f に対して

$$\lambda\mathbb{E}\left(\int_0^T f(u)du\right) = \mathbb{E}(f(T))$$

が成り立つことを証明せよ．

(b) 逆に，任意の非負値関数 f に対して上記の式が成り立つならば，T は平均 $1/\lambda$ の指数分布に従うことを示せ．

第6章

発展方程式

確率過程とは時間的に変化するランダムな現象の確率モデルです．具体的な例としてバスの待ち時間やポアソン過程について説明しました．今回はいろいろな確率過程が満たす方程式について説明します．

6.1 確率過程の種類

初めにポアソン過程の特徴を思い出して下さい．それは，ランダムな事象の起こった数を観測すると，どの時点でも過去の経緯と未来の推移が独立であることでした．ポアソン過程の状態は非負の整数値でしたが，これを実数値に一般化した場合を考えてみましょう．この確率過程の時刻 t での値を $X(t)$ とするとき，ポアソン過程の場合と同様に独立変分と定常変分（変分は必ずしも増加しないが，増分と呼ぶことが多い）の仮定：

(i) 任意の自然数 n と任意の正数 $0 \leq s_0 < s_1 < \ldots < s_n$ に対して，変化量 $X(s_1) - X(s_0), X(s_2) - X(s_1), \ldots, X(s_n) - X(s_{n-1})$ が独立である，

(ii) 任意の実数 $s, t \geq 0$ に対して，$X(s+t) - X(s)$ の分布は s に関係しない，

が成り立つとき，$\{X(t); t \geq 0\}$ をレビー過程 (Levy process) と呼びます．なお，レビーはこの種の確率過程を研究したフランスの数学者 Paul Levy (1886–1971)) の名前から取られています．ちなみに，ポアソンもフランスの数学者 Siméon-Denis Poisson (1781–1840) の名前に由来しています．

ポアソン過程ほど簡単ではありませんが，レビー過程は線型に変化する確定的な部分，連続であるが微分不可能な変化をする部分，離散的に変化する部分の和として表すことができます．ここに，微分不可能な連続的変化をする部分はブラウン運動と呼ばれ，同じ名前の物理現象の数理モデルとして知られています．また，不連続的に変化する時刻はポアソン過程またはその極限として表すことができます．

ポアソン過程やレビー過程では独立な変分を仮定することにより，ランダムな現象を単純化しています．同様なことが，独立な確率変数列についても言えます．自然界や社会現象を確率過程によりモデル化するときには，このような単純化は一般に適切ではありませんが，ランダムな要因を取り出してみると部分的に適用できる場合が多いのです．例えば，2章と3章で説明したバスの待ち時間過程は独立変分をもちませんが，バスの到着間隔を独立と仮定しました．実際に，これら独立変分や定常性をもつ確率過程の関数として得られる確率過程が広く研究され，応用されています．数学的には，独立性の仮定により解析的な計算が可能となることが多く，モデルの特性を理論的に調べる上で便利な仮定です．

一方，これら独立性の仮定を緩める研究も進められてきました．例えば，過去と未来の独立性の条件をゆるめ，未来の事象は現在の状態にのみ依存するという条件があります．これをマルコフ性と呼びます．また，マルコフ性をもつ確率過程をマルコフ過程と呼びます．マルコフはロシア人の数学者 Andrey Markov (1856–1922) に由来しています．マルコフ過程は確かに独立性の条件を弱めていますが，独立変分をもつ確率過程からマルコフ過程を作れることも知られています．マルコフ過程よりももっと独立性の条件を緩めた確率過程も各種提案され研究されています．

一夫：先生，聞き慣れない名前が出てきて戸惑いました．

美子：私はレビー過程のもっと詳しい話が聞きたいと思いました．微分できないような確率過程とはどんなものなか興味があります．

先生：いつか詳しい話をしますが，まずは応用的な観点から話を進めたいと思います．

ここで注目したいのはランダム現象を観測して得られた数値です．これは確率過程の実現値であり，実際の問題を確率過程としてモデル化するためのデータです．また，標本空間 Ω が出てきますので思い出してください．

6.2　標本路

最初に述べたように，確率過程ではランダムな現象の時間的変化をモデル化します．このために標本空間 Ω から標本 ω を取り出すと時間の関数が得られるとします．この関数を $X(t)$ と表します．$X(t)$ は標本 ω によって決まるので，$X(t)(\omega)$ や $X(t,\omega)$ と書くべきですが，確率変数の場合と同様にこの ω は問題がない限り省略されます．しかし，$X(t)$ は標本 ω で決まることから，t の関数 $X(t)$ を標本路または標本関数と呼びます．

標本 ω が一度選ばれると，標本路 $X(t)$ は単に時間の関数です．確率過程の応用に際して私たちが観測できるのはこの標本路です．したがって，標本路の特徴をつかむことはモデル化の第一歩です．$X(t)$ が取る値の集合を S により表し，状態空間と呼びます．

以下では，状態空間 S が実数全体の集合 $\mathbb{R}$ の部分集合であるとします．このとき，S の点の極限を S に加えた集合を $\overline{S}$ と表します．$\overline{S}$ は S の境界を含む集合です．このような集合を閉集合と呼びます．標本路 $X(t)$ は t の関数ですので，連続的に変化する部分と，不連続的に変化する部分の 2 つに分けることができます．この 2 つの変化の数学的表現は必ずしも簡単ではありません．例えば，連続的に変化してもブラウン運動のように微分できない場合もあります．また，不連続的な変化も集中して起こると，有限な時間区間で無限個の不連続点が発生する場合もあります．初めからこのような場合を考えると難しいので，簡単化のために次の仮定をします．

(6a)　有限な時間区間内の不連続点の個数は有限である．

(6b)　不連続点がない時間区間の内部では $X(t)$ は右微分可能である．すなわち，

$$X'(t) = \lim_{\epsilon \downarrow 0} \frac{X(t+\epsilon) - X(t)}{\epsilon}$$

によって定義される右微分係数 $X'(t)$ が存在する．

観測は時刻0から始まるとします．仮定(6a)により，$X(t)$が不連続となる時刻を

$$0 < t_1 < t_2 < \ldots < t_n < t_{n+1} < \ldots$$

のように番号を付けて数えることができます．すなわち，t_nはn番目に不連続となる時刻です．ここで，$t \geq 0$に対して，時刻tまでの不連続となる時刻の総数を$N(t)$とすると，

$$N(t) = \max\{n \geq 0; t_n \leq t\}$$

です．ただし，$t_0 = 0$とします．一般に個数を数える$N(t)$を計数過程と呼びます．この場合の$N(t)$は増加するとき1ずつ増えるので，単純計数過程と呼びます．

各不連続点における$X(t)$の値をわかりやすく決めるために，すべての$t \geq 0$に対して，$X(t)$は右連続で左極限をもつと仮定します．すなわち，

$$X(t) = \lim_{\epsilon \downarrow 0} X(t+\epsilon), \qquad X(t-) \equiv \lim_{\epsilon \downarrow 0} X(t-\epsilon)$$

が成り立つとします．ここに，$X(t-)$をtにおける左極限といいます．$X(t-) \notin S$であっても$X(t-) \in \overline{S}$は成り立ちます．これが閉集合$\overline{S}$を定義した理由です．

仮定(6a)と(6b)の下で，$X(0)$から$X(t)$までの変化量を連続的に変化する部分と不連続に変化する部分の和として，

$$X(t) - X(0) = \int_0^t X'(u)du + \sum_{i=1}^{N(t)} \Delta X(t_i), \qquad t \geq 0, \qquad (6.2.1)$$

のように表すことができます．ここに，$\Delta X(t) = X(t) - X(t-)$です．初めに述べたように(6.2.1)式は標本$\omega \in \Omega$が固定されたときに成り立つ式です．

一夫：ちょっと待ってください．t_nや$N(t)$も標本ωの関数でしょうか．
先生：もちろん，ωの関数です．また，$X'(t)$もωの関数です．
一夫：そうですか．(6.2.1)式が急に難しく見えてきました．

先生：(6.2.1) 式は単純に変化量を微少変化の和で表したものです．例で考えてみましょう．

3章のバスの待ち時間の場合に，$X(t)$ を時刻 t で次のバスが来るまでの時間とします．t_n を n 番目のバスの到着時刻とします．時刻 t までに到着したバスの台数は $N(t)$ ですから，時刻 t で次のバスが来る時刻は $t_{N(t)+1}$ です．したがって，待ち時間は

$$X(t) = t_{N(t)+1} - t \tag{6.2.2}$$

です．同じような式を前にも導いたことを思い出してください．この場合には状態空間は $S = (0, \infty)$ であり，$\overline{S} = [0, \infty)$ です．

$X(0) = 0$，$\Delta X(t_\ell) = t_{\ell+1} - t_\ell$ であることから，この式は，

$$X(t) = \sum_{\ell=1}^{N(t)} (t_{\ell+1} - t_\ell) - t = X(0) + \int_0^t (-1) du + \sum_{\ell=1}^{N(t)} \Delta X(t_\ell)$$

と表すことができます．待ち時間は1単位時間ごとに1だけ減るので $X'(t) = -1$ です．したがって，(6.2.1) が成り立つことが確認できます．

一夫：(6.2.1) が成り立つことは分かりますが，何のために必要なのかよく分かりません．

美子：私は，$X(t)$ が微分できる部分と不連続に変化する部分に分けられることを確認するためと思いました．でも確認して何かいいことがあるのでしょうか．

先生：いい質問ですね．$X(t)$ に関する方程式をたてて，t の関数としての $X(t)$ を求めることが目的です．このためには，(6.2.1) の積分表現より微分表現の方が便利です．このために $X'(u)$ について仮定を追加します．仮定が多くなりますが，理由に注意してください．

6.3　確率微分方程式

(6.2.1) 式において，$X'(t)$ は一般に過去の履歴 $\{X(u); u < t\}$ に依存しま

す．したがって．一般に複雑ですが，$X(t)$ は直前の値である $X(t-)$ のみに依存するという簡単な状況を考えてみます．すなわち，

(6c)　状態空間 S から $\mathbb{R}$ への関数 h があり，$X(t)$ が連続である時刻 t に対して次の式が成り立つ．

$$\frac{dX(t)}{dt} = h(X(t)). \tag{6.3.1}$$

を仮定します．連続点では $X(t-) = X(t)$ ですから，この条件は $X'(t)$ が $X(t-)$ のみに依存することを表しています．この仮定は強いように見えますが，$X(t)$ の含む情報によってはかなり一般性のある条件です．

(6.3.1) 式は微分方程式であり，$X(t)$ が現在の値の変化率で決まることを表しています．このような微分方程式を発展方程式と呼びます．初期条件 x の下での (6.3.1) 式の解 $X(t)$ が唯一つあるとし，この解を $H(t;x)$ とするならば，$t_n < t < t_{n+1}$ である t に対して，

$$X(t) = H(t - t_n; X(t_n))$$

です．H は ω に依存しない確定的な関数ですから，ランダムな要因，すなわち，ω に依存する部分は，$\{t_n\}$ と $\{\Delta X(t_n)\}$ です．したがって，条件 (6a), (6c) の下では，確率過程 $X(t)$ が $\{t_n\}$ と $\{\Delta X(t_n)\}$ の結合分布により決まると言えます．これらを一まとめにして，$\{(t_n, \Delta X(t_n)); n \geq 1\}$ と表し，複合計数過程と呼ぶことにします．

この複合過程は，累積過程

$$K(t) = \sum_{\ell=1}^{N(t)} \Delta X(t_\ell)$$

によって表すこともできます．この $K(t)$ の微少な時間における変化量を形式的に $dK(t) = \Delta X(t)dN(t)$ と表すと，$X(t)$ の微少な変化量は，(6.2.1) と仮定 (6c) より

$$dX(t) = h(X(t))dt + \Delta X(t)dN(t), \tag{6.3.2}$$

と表すことができます．この式は (6.2.1) を書き換えた表徴的な表現です．(6.2.1) は $X(t)$ に関する方程式ですから，$X(t)$ の積分方程式です．これに対して，(6.3.2) は微分方程式（確率微分方程式と呼ぶ）であり発展方程式です．(6.2.1) と (6.3.2) は同値な式ですから，(6.2.1) も発展方程式です．

すでに述べたように，仮定 (6c) の下では，確定的な関数 H と複合計数過程 $\{(t_n, \Delta X(t_n))\}$ を使って微分方程式 (6.3.2) の解を作ることができます．なんとなくこれで問題が解決したように見えるかもしれませんが，これまでの話は標本 ω が固定されているときの話であり，ω が与えられた確率法則に従って選ばれるときには，$X(t)$ の期待値や分布を求める問題があります．

一夫：だんだん難しくなってきました．単純に (6.2.1) や (6.3.1) の期待値を取るのではだめなのでしょうか．

美子：確かに (6.2.1) や (6.3.1) は確率変数の式ですから期待値を取ることができると思いますが，(6.3.1) では微分と期待値が交換できるか不安です．

先生：微分は線型計算ですので，期待値との交換は基本的には可能です．しかし，問題は，目的の期待値が単純に計算した期待値の関係式から得られるかにあります．残念ながら，複合計数過程が簡単な場合でも一般にうまくいきません．

美子：簡単な場合でも一般にうまくいかないと否定しているのは，更に仮定を加えようとしているのですね．

先生：なかなか鋭い勘ですね．ちょっと言い訳をすると，単に仮定を加えるだけでなく，確率変数の分布を決めるためのアイディアが必要です．例によって，話が横道にそれますが，聞いてください．

6.4　テスト関数

2.3 節で確率変数 X の分布について，3.4 節ではその期待値 $\mathbb{E}(X)$ について説明しました．これからこの 2 つの概念について詳しく見ていきます．初めに定義の確認です．$\mathbb{E}(X)$ は X の平均的な値です．これに対して X の分布とは X の確率法則であり，具体的には，

$$F(x) = \mathbb{P}(X \leq x), \qquad x \in \mathbb{R}$$

と定義した分布関数 F によりその確率法則（分布とも呼ぶ）が決まります．

ここで，集合 A に対して，$1_A(u)$ を $u \in A$ が成り立つときに 1，成り立たないときに 0 を取る A の定義関数とすると，分布関数 F は

$$F(x) = 1 \times \mathbb{P}(X \leq x) + 0 \times \mathbb{P}(X > x) = \mathbb{E}\left(1_{(-\infty,x]}(X)\right)$$

のように，定義関数の期待値によって表すことができます．

定義関数 $1_{(-\infty,x]}(u)$ は u の有界関数ですが，連続ではありません．しかし，この定義関数を微分係数が連続である一様に有界な関数の列 f_n を使って，

$$\lim_{n\to\infty} f_n(u) = 1_{(-\infty,x]}(u), \qquad u \in \mathbb{R}, \tag{6.4.1}$$

のように近似することができます．どんな関数を作ればよいか考えてみてください（演習問題 6.1）．この一様に有界な関数の列に対して，(6.4.1) より，

$$\lim_{n\to\infty} \mathbb{E}\left(f_n(X)\right) = \mathbb{E}\left(1_{(-\infty,x]}(X)\right) = \mathbb{P}(X \leq x), \qquad u \in \mathbb{R},$$

が成り立ちます．これは何を意味しているか分かりますか．

美子：有界で微分係数が連続である関数 f すべてに対して，期待値 $\mathbb{E}(f(X))$ の値が分かれば，分布関数が決まることでしょうか．

先生：正解です．

一夫：何となく分かりますが，なぜ定義関数で十分なのに，わざわざ微分できる関数を選んでいる理由が分かりません．

先生：もっともな疑問です．理由は，関数 f を確率変数 X だけでなく，確率過程 $X(t)$ に対して適用したいからです．この場合，$Y(t) = f(X(t))$ とおき，確率過程 $Y(t)$ に対して (6.2.1) を適用すると微分が必要です．

実際に，(6.2.1) において，$X(t)$ を $Y(t) = f(X(t))$ に置き換えると，

$$f(X(t)) - f(X(0)) = \int_0^t X'(u) f'(X(u)) du + \sum_{i=1}^{N(t)} \Delta f(X(t_i)) \tag{6.4.2}$$

が得られます．さらに，仮定 (6c) が成り立つならば，

$$f(X(t)) - f(X(0)) = \int_0^t h(X(u))f'(X(u))du + \sum_{i=1}^{N(t)} \Delta f(X(t_i)) \quad (6.4.3)$$

となります．この式を使うために f の微分可能性を仮定しました．

一夫：分かりました．しかし，分布を決めるのに，なぜたくさんの関数 f を使う必要があるのかまだ納得がいきません．

先生：ここは応用例が必要ですが，その前に関数 f をテスト関数と呼び，テスト関数の役割について詳しい説明をさせて下さい．

初めに f の定義域ついてです．これまで，f の変数は実数でしたが，確率過程の状態はベクトルであったり，もっと複雑な場合もあります．そこで，テスト関数 f の定義域をベクトルや関数の集合へ拡げます．この集合を S により表します．例えば，$S = \mathbb{R}^k$ です．このとき，f は複雑な状態を実数の空間 $\mathbb{R}$ へ写像します．この実数を通してもとの状態を調べることを考えます．これが，f をテスト関数と呼ぶ理由です．

美子：f に役立ちそうな名前を付けた所は感心しました．

先生：ほめられたのか，けなされたのか分かりませんが，役立つ例はたくさんあります．なお，テスト関数 f は，$\mathbb{E}(f(X))$ のように確率変数に適用し，期待値を取って使います．いろいろな f を使う所が味噌です．

一夫：ともかく，例をお願いします．

先生：分かりました．ちょっと寄り道になりますが具体例をあげます．

テスト関数 f の定義域を k 次元の実ベクトル空間 $\mathbb{R}^k$ とします．ここに，k は 1 以上の整数です．f が，変数 $\boldsymbol{x} = (x_1, x_2, \ldots, x_k) \in \mathbb{R}^k$ に対して，

$$f(\boldsymbol{x}) = \exp(u_1 x_1 + u_2 x_2 + \ldots + u_k x_k)$$

であるとき，f を指数型のテスト関数と呼びます．ここに，$\boldsymbol{u} \equiv (u_1, u_2, \ldots, u_k)$ は実数または複素数を要素とする定数ベクトルであり，f のパラメータと呼びます．このパラメータの集合を U とするとき，$\boldsymbol{u} \in U$ をパラメータとす

る指数型のテスト関数をすべて集めた集合を $\mathrm{Exp}(S;U)$ と表します．ここに，S はテスト関数の定義域で，$S=\mathbb{R}^k$ です．

先生：$\exp(x)\equiv e^x$ は指数関数です．ここで質問です．変数 x が複素数のとき指数関数はどのように定義すればよいですか？

美子：x が複素数ならば，ある実数 s,t と $\imath=\sqrt{-1}$ に対して $x=s+\imath t$ ですから，オイラーの公式 $e^{\imath t}=\cos t+\imath\sin t$ を使って，

$$e^x=e^{s+\imath t}=e^s(\cos t+\imath\sin t)$$

により，e^x を定義することができると思います．

一夫：すみません．オイラーの公式にある $e^{\imath t}$ がよく分りません．

美子：言われてみると，$e^{\imath t}$ はオーラーの公式で定義したと思い込んでいました．指数関数の定義をもう一度考え直す必要があるのかしら．

先生：2人ともよい点に気がつきました．次のように定義します．

複素変数の指数関数を定義するために，実数の指数関数のテーラー展開に複素数を代入します．すなわち，複素数 x に対して，

$$e^x=\sum_{n=0}^{\infty}\frac{1}{n!}x^n \tag{6.4.4}$$

により，複素変数の指数関数を定義します．このとき，右辺の級数がどんな複素数 x に対しても収束すること，e^x が実数の指数関数と同じように，$e^{x+y}=e^xe^y$ を満たすことが確認できます（演習問題6.1）．

応用上役立つテスト関数はほとんどが指数型です．これは指数関数が解析的に扱いやすい（微分や積分が容易な）ためです．更に，実数値を取る確率変数の分布が，実数を変数とする指数型関数の集合 $\mathrm{Exp}(S;\mathbb{R})$（または，虚数 $\imath\theta$ を変数とする指数型関数の集合 $\mathrm{Exp}(S;\Im)$）によって決まります．ここに，$\Im=\{\imath\theta;\theta\in\mathbb{R}\}$ です．実数の場合にその理由を説明します．

初めに，確率変数 X の分布 F は有限個の点 $-\ell\delta,(-\ell+1)\delta,\ldots,0,\delta,\ldots,m\delta$ でのみ増加するとします．ここに，$\delta>0$ であり，ℓ,m は非負の整数です．パラメータ s をもつ指数型のテスト関数 $f(x)=e^{sx}$ を使って，

$$g(s)=\mathbb{E}(f(X))\equiv\mathbb{E}(e^{sX}),\qquad s\in\mathbb{R}.$$

により，s の関数 g を定義します．この g を積率母関数と呼びます．F の条件から，$z = e^{s\delta}$ とおくと

$$g(s) = \sum_{n=-\ell}^{m} \mathbb{P}(X = n\delta)e^{sn\delta} = z^{-\ell} \sum_{n=0}^{\ell+m} \mathbb{P}(X = (n-\ell)\delta)z^n$$

です．よって，$z^\ell g(s)$ は z の多項式であり，z^n の係数は $z^\ell g(s)$ によって決まるので，$\mathbb{P}(X = (n-\ell)$ が s の関数 $g(s)$ によって決まります．すなわち，分布 F が $\{g(s); s \in \mathbb{R}\}$ によって決まります．これは，テスト関数の集合 $\mathrm{Exp}(S;\mathbb{R})$ により分布が決まることを意味しています．どんな分布も ℓ, m, δ を適切に選ぶことによって近似することができるので，$\mathrm{Exp}(S;\mathbb{R})$ は $S = \mathbb{R}$ 上の分布を決めることができます．

美子：どんな分布も近似できるという点にあいまいさを感じましたが納得です．

一夫：分布が決まるというので具体的に計算するのかと思いました．

先生：具体的に計算する方法もあります．複素数の計算が必要なので別の方法を採りましたが，重要な結果ですので簡単な説明をします．

積率母関数を $g(s) = \mathbb{E}(e^{sX})$ により定義したが，この s に虚数 $\imath\theta$ を代入したものを特性関数と呼び，$\varphi(\theta)$ と表す．すなわち，

$$\varphi(\theta) = \mathbb{E}(e^{\imath\theta X}) \equiv \mathbb{E}(\cos(\theta X)) + \imath\mathbb{E}(\sin(\theta X)), \qquad \theta \in \mathbb{R}, \tag{6.4.5}$$

である．特性関数は，どんな分布に対しても $|\varphi(\theta)| \leq 1$ など関数として優れている．特に，分布 F の特性関数から，$F(x)$ が連続である点 a, b $(a < b)$ に対して，$F(b) - F(a)$ の値を導く式（逆変換公式という）がある．この公式から，テスト関数の集合 $\mathrm{Exp}(S;\Im)$ が分布を決定することが分かります．具体例として正規分布について述べます．

関数 F を

$$F(x) = \int_{-\infty}^{x} \frac{1}{\sqrt{2\pi}} e^{-\frac{1}{2}u^2} du, \qquad x \in \mathbb{R}, \tag{6.4.6}$$

により定義します．この関数は非減少で連続であり，$\lim_{x\to-\infty} F(x) = 0$ ですから，$\lim_{x\to\infty} F(x) = 1$ ならば，F は分布関数です．したがって，

$$\int_{-\infty}^{+\infty} \frac{1}{\sqrt{2\pi}} e^{-\frac{1}{2}u^2} du = 1 \tag{6.4.7}$$

が成り立てば，F は分布関数です．この式を示すには

$$\left(\int_{-\infty}^{+\infty} e^{-\frac{1}{2}u^2} du \right) = 2\pi$$

を示せば十分です．これは1次元の積分の問題を2次元の積分の問題にすることです．問題を難しくしているように見えますが，この場合2次元の方がやさしくなります．実際に，

$$\begin{aligned} \left(\int_{-\infty}^{+\infty} e^{-\frac{1}{2}u^2} du \right) &= \int_{-\infty}^{+\infty} e^{-\frac{1}{2}x^2} dx \int_{-\infty}^{+\infty} e^{-\frac{1}{2}y^2} dy \\ &= \int_{-\infty}^{+\infty} \int_{-\infty}^{+\infty} e^{-\frac{1}{2}(x^2+y^2)} dxdy \end{aligned}$$

ですから，$r \geq 0$ と $\theta \in [0, 2\pi)$ に対して，$x = r\cos\theta, y = r\sin\theta$ と変数変換すると，$x^2 + y^2 = r^2$ であり，$dx \times dy = rd\theta \times dr$ ですから，

$$\begin{aligned} \int_{-\infty}^{+\infty} \int_{-\infty}^{+\infty} e^{-\frac{1}{2}(x^2+y^2)} dxdy &= \int_{r=0}^{\infty} \int_{\theta=0}^{2\pi} e^{-\frac{1}{2}r^2} rd\theta dr \\ &= \int_{\theta=0}^{2\pi} \int_{r=0}^{\infty} re^{-\frac{1}{2}r^2} drd\theta \\ &= \int_{\theta=0}^{2\pi} \left[-e^{-\frac{1}{2}r^2} \right]_0^{\infty} d\theta = \int_{\theta=0}^{2\pi} d\theta = 2\pi \end{aligned}$$

となり，(6.4.7) が証明されました．

定義 6.4.1. (6.4.6) により定義された分布関数 F により決まる $(\mathbb{R}, \mathcal{B}(\mathbb{R}))$ 上の確率分布を標準正規分布と呼び，$N(0,1)$ と表す．X が標準正規分布に従うとき，$m \in \mathbb{R}$ と $\sigma > 0$ に対して $Z = m + \sigma X$ により定義された確率変数の分布をパラメータ (m, σ) の正規分布と呼び，$N(m, \sigma)$ と表す．

X が標準正規分布に従うとき，その特性関数 $\varphi(\theta)$ を計算してみましょう．(6.4.5) より $\mathbb{E}(\cos(\theta X))$ と $\mathbb{E}(\sin(\theta X))$ を計算すれば良いことが分かります．

初めに，F の密度関数を f とします．すなわち，

$$f(x) = F'(x) = \frac{1}{\sqrt{2\pi}} e^{-\frac{1}{2}x^2}, \qquad x \in \mathbb{R},$$

です．このとき，$\sin(\theta x) f(x)$ が寄関数であること，すなわち，$\sin(-\theta x) f(-x) = -(\sin\theta x) f(x)$ であることから，

$$\begin{aligned}\mathbb{E}(\sin(\theta X)) &= \int_{-\infty}^{0} \sin(\theta x) f(x) dx + \int_{0}^{\infty} \sin(\theta x) f(x) dx \\ &= \int_{0}^{\infty} \sin(-\theta x) f(-x) dx + \int_{0}^{\infty} \sin(\theta x) f(x) dx = 0\end{aligned}$$

です．したがって，$\varphi(\theta) = \mathbb{E}(\cos(\theta X))$ です．この $\varphi(\theta)$ を θ で微分すると，

$$\varphi'(\theta) = -\mathbb{E}(X \sin(\theta X)) = \int_{-\infty}^{\infty} \sin(\theta x)(-x f(x)) dx$$

と計算できます．一方，$f'(x) = -x f(x)$ ですから，部分積分により

$$\varphi'(\theta) = \big[\sin(\theta x) f(x)\big]_{-\infty}^{\infty} - \theta \int_{-\infty}^{\infty} \cos(\theta x) f(x) dx = -\theta \varphi(\theta)$$

が得られます．この式は変数 θ の微分方程式ですから，両辺を $\varphi(\theta)$ で割り，積分すれば，ある定数 C に対して，$\log \varphi(\theta) = -\frac{1}{2}\theta^2 + C$ が得られます．したがって，$\varphi(\theta) = e^{-\frac{1}{2}\theta^2 + C}$ です．ここで，$\varphi(0) = 1$ より，$C = 0$ ですから，

$$\varphi(\theta) = e^{-\frac{1}{2}\theta^2}, \qquad \theta \in \mathbb{R}, \tag{6.4.8}$$

が得られました．

美子：特性関数 φ が密度関数 f と同じような関数であることに驚きです．
　計算については，微分が期待値の中に入るところが気になりました．

一夫：x についての積分が θ の微分方程式になるのはだまされた気分です．

先生：微分が期待値の中でできることは，有界収束定理を使って確かめることができます．この計算法の種を明かすと，(6.4.8) の答えを知っているので，$\varphi'(\theta) = \theta\varphi(\theta)$ を予測し確認しました．しかし，この方法は，$f(x)$

が偶関数であることと，$f'(x) = -xf(x)$ を使います．したがって，この計算法は正規分布以外には役立ちません．地道に積率母関数 $g(s)$ を計算し，$s = \imath\theta$ を代入するのが正攻法です．テスト関数の話が思わぬ方向に進んでしまいました．ここで，テスト関数の話に戻ります，

6.5　関数空間

分布の積率母関数や特性関数は指数型テスト関数に特化した関数と見ることができます．しかし，指数関数だけでは応用上柔軟さに欠けます．例えば，分布関数の値を直接導くテスト関数は定義関数でした．そこで，できるだけ多くのテスト関数を使うことが考えられます．この集合をテスト関数空間と呼びます．この空間の要素に近さを定義しておくと応用上便利です．このために，テスト関数の定義域 S にも近さを定義します．この近さとしてノルムや距離を使う．例えば，$S = \mathbb{R}^k$ ならば，$x \equiv (x_1, \ldots, x_k), y \equiv (y_1, \ldots, y_k) \in S$ に対して，

$$\|x - y\| = \Big(\sum_{i=1}^{k}(x_i - y_i)^2\Big)^{\frac{1}{2}}$$

は x と y の距離を表し，ユークリッドの距離と呼びます．ここで，$\|\cdot\|$ をノルムと呼びます．この距離を使って開集合や閉集合を定義します．例えば，$A \subset S$ が開集合であるとは，任意の $x \in S$ に対して，ある $\delta > 0$ があり，

$$\{y \in S; \|y - x\| < \delta\} \subset A$$

が成り立つことです．また，A が閉集合であるとは，$S \setminus A$ が開集合であることです．

S から $\mathbb{R}$ への可測関数全体の集合を $M(S)$ と表します．ここに, $f : S \to \mathbb{R}$ が可測であるとは，任意のボレル集合 $B \in \mathcal{B}(\mathbb{R})$ に対して，

$$\{x \in S; f(x) \in B\} \in \mathcal{B}(S) \tag{6.5.1}$$

が成り立つことです．ここに，$\mathcal{B}(S)$ は S のすべての開集合を含む S 上の最小の σ-集合体であり，S 上のボレル集合体と呼びます．

一夫：いろいろと抽象的な定義が出てきて頭が混乱しそうです．

美子：距離まではよかったのですが，可測が出てきて戸惑いました．

先生：ボレル集合は 2.3 節の確率変数の定義に出きたことを思い出して下さい．X を実数値を取る確率変数とすると，$S = \mathbb{R}$ のとき，$f \in M(S)$ に対して，$f(X(\omega))$ は確率変数です．なぜならば，

$$\{\omega \in \Omega; f(X(\omega)) \in B\} = \{\omega \in \Omega; X(\omega) \in \{x \in \mathbb{R}; f(x) \in B\}\}$$

であり，$S = \mathbb{R}$ と (6.5.1) より，$\{x \in \mathbb{R}; f(x) \in B\} \in \mathcal{B}(\mathbb{R})$ となるからです．可測という条件は $f(X)$ を確率変数としたいためでした．

美子：例の何でも都合よくという路線ですね．了解です．

先生：ここまでは序の口で，これからが本論です．

話を簡単にするため，これからしばらく S は $\mathbb{R}$ の部分集合で開集合とします．可測関数の全体 $M(\mathbb{R})$ に対して，$f \in M(S)$ が有界であるとは，ある $a > 0$ があり，任意の $x \in S$ に対して，$|f(x)| < a$ が成り立つことです．また，f が S で連続であるとは，任意の $x \in S$ と任意の $\epsilon > 0$ に対してある $\delta > 0$ があり，$\|x - y\| < \delta$ ならば，$|f(x) - f(y)| < \epsilon$ が成り立つことです．なお，$S \subset \mathbb{R}$ ですから，S においてノルム $\|\cdot\|$ は必要ありませんが，S が $\mathbb{R}^k$ の部分集合の場合にも適用できることを想定して使っています．

$M(S)$ を有界な関数に制限した集合を $M_b(S)$ により表します．また，S から $\mathbb{R}$ への連続な関数全体の集合を $C(S)$，有界で連続な関数全体の集合を $C_b(S)$ により表します．連続関数は可測関数であることが証明できるので

$$C_b(S) \subset C(S) \subset M(S)$$

です．$C_b(S)$ を更に微分係数が連続である関数に制限した集合 $C_b^{1c}(\mathbb{R})$ により表します．分布関数は定義関数の期待値を使って表すことができ，定義関数は $C_b^{1c}(S)$ の関数の列の極限として求められるます．したがって，すべての $f \in C_b^{1c}(S)$ に対して $\mathbb{E}(f(X(t)))$ の値が求まれば，$X(t)$ の分布が決まります．指数型関数の集まり $\mathrm{Exp}(S; \mathbb{R})$ も分布を決めることができる関数の集合であったことを思い出して下さい．$\mathrm{Exp}(S; \mathbb{R}) \subset C(S)$ ですが，$C_b(S)$ には含まれません．

ようやくテスト関数空間への距離の導入です．$f \in M_b(S)$ に対して，$\|f\|$ を

$$\|f\| = \sup_{x \in S} |f(x)|$$

により定義し，一様ノルムと呼びます．一般にすべての要素に対してノルムが定義された集合をノルム空間と呼びます．以後特に断らない限り，C_b, $C_b^{1c}(S)$ と $M_b(S)$ はノルム空間であるとします．

このノルムを使って，$f, g \in M_b(S)$ に対して，$\rho(f,g) = \|f-g\|$ とおくと，

- $0 \leq \rho(f,g) < \infty$
- $\rho(f,g) = 0$ ならば，$f = g$
- $\rho(f,g) = \rho(g,f)$
- $\rho(f,g) \leq \rho(f,h) + \rho(h,g)$，$h \in M_b(S)$

が成り立ちます．一般にこの4条件を満たす ρ を距離と呼びます．距離が定義された集合を距離空間といいます．ノルム空間は距離空間です．

ここで，確率過程 $X(t)$ の分布を求める問題に戻ります．この問題は，確定的な関数 H と複合計数過程 $\{(t_n, \Delta X(t_n))\}$ が与えられているときに，初期状態が x である下での $f(X(t))$ の条件付き期待値 $\mathbb{E}(f(X(t))|X(0) = x)$ を適当な関数の集合に属するすべての f とすべての $x \in S$ に対して求めることに等しいと言えます．そこで，各 $t \geq 0$ に対して，関数 f から関数 $\mathbb{E}(f(X(t))|X(0) = x)$ への変換を

$$T_t f(x) = \mathbb{E}(f(X(t))|X(0) = x), \qquad x \in S$$

により定義します．この定義の f は特に微分可能性は必要ありません．ノルム $\|f\|$ の定義より，

$$|T_t f(x)| \leq \mathbb{E}(|f(X(t))||X(0) = x) \leq \|f\|, \qquad x \in S$$

です．したがって，

$$\|T_t f\| \leq \|f\|, \qquad t \geq 0, \tag{6.5.2}$$

であり，T_t は $M_b(S)$ の要素を $M_b(S)$ の要素に移す変換です．更に，$X(t)$ が右連続であることから，各 $x \in S$ に対して，$\lim_{t \downarrow 0} T_t f(x) = f(x)$ が成り

立ちます．しかし，

$$\lim_{t \downarrow 0} \sup_{x \in S} |T_t f(x) - f(x)| = 0 \tag{6.5.3}$$

は必ずしも成り立ちません（演習問題 6.3）．一方，(6.5.3) 式が成り立つ場合には，T_t は距離 ρ に関して $t = 0$ で連続であり，理論的に扱いやすくなります．

6.6 期待値型の発展方程式

いよいよ $X(t)$ の分布を求める問題に取り組みたいのですが，(6.4.3) を使うにあたり大きな問題点が残されています．これは不連続な部分 $\sum_{i=1}^{N(t)} \Delta f(X(t_i))$ の期待値が計算できないことです．この部分はランダムな要因が発生する源です．ここで，この発生源は $X(t)$ の値に依存しても良いが，時間的に独立に活動していると仮定します．わからないものはなるべく簡単にしようという発想です．この仮定は数学的には

(6d) ある関数 $\lambda(x)$ $(x \in S)$ と $M_b(S)$ 上の変換 Q があって，各時刻 t において，$\epsilon > 0$ が十分小さいとき，

$$\mathbb{E}\left(\sum_{i=N(t)+1}^{N(t+\epsilon)} \Delta f(X(t_i)) \middle| X(t) = x \right)$$

$$= \epsilon\lambda(x)(Qf(x) - f(x)) + o(\epsilon) \tag{6.6.1}$$

が成り立つ．ここに $o(\epsilon)$ はスモールオーダー ϵ と読み，$\epsilon \downarrow 0$ のとき，$o(\epsilon)/\epsilon \to 0$ です．

と表すことができます．ここに，$\lambda(x)$ は状態 x での不連続点の発生率を表し，$Qf(x)$ はランダムな要因による不連続時点で変化直前の状態が x であったときの変化直後における $f(X(t))$ の期待値です．すなわち，

$$\mathbb{E}\left(f(X(t)) | N(t) > N(t-), X(t-) = x \right) = Qf(x)$$

です．この Q を状態推移変換と呼びます．

この仮定と (6c) から，$X(t)=x$ ならば，時刻 t 以後の状態変化 $\{X(u);u>t\}$ は x にのみ依存し，時刻 t より前の状態変化 $\{X(u);u<t\}$ と独立であり，$\{X(u);u>t\}$ は $X(0)=x$ の場合の $\{X(u);u\geq 0\}$ とおなじ確率法則に従います．このような確率過程 $\{X(t);t\geq 0\}$ を定常な推移を持つマルコフ過程と呼びます．

このマルコフ過程に対しては，変換 T_{s+t} は，任意の $s,t\geq 0$ に対して，

$$
\begin{aligned}
T_{s+t}f(x) &= \mathbb{E}(f(X(s+t))|X(0)=x) \\
&= \int_{-\infty}^{+\infty} \mathbb{E}(f(X(s+t))|X(s)=y)d\mathbb{P}(X(s)\leq y|X(0)=x) \\
&= \int_{-\infty}^{+\infty} \mathbb{E}(f(X(t))|X(0)=y)d\mathbb{P}(X(s)\leq y|X(0)=x) \\
&= \int_{-\infty}^{+\infty} T_t f(y)d\mathbb{P}(X(s)\leq y|X(0)=x) = T_s(T_t f)(x) \qquad (6.6.2)
\end{aligned}
$$

のように，変換 T_s と T_t の積 T_sT_t になります．また，$T_sT_t=T_tT_s$ であり，恒等変換を I とすると，$IT_t=T_t$，$T_tI=T_t$ です．したがって，代数的には半群と呼ぶことができます．そこで，$\{T_t;t\geq 0\}$ は作用素半群と呼ばれています．なお，作用素は変換と同じ意味です．

一般に，(6.5.2) と (6.5.3) を満たす作用素半群 T_t は，任意の $t\geq 0$ に対する連続性：

$$
\lim_{s\to t}\|T_t f - T_s f\| = 0, \qquad f\in M_b(S),
$$

を満たすことが証明できます．さらに，同じ条件の下で，

$$
\mathcal{A}f(x) = \lim_{\epsilon\downarrow 0}\frac{1}{\epsilon}\left(T_\epsilon f(x) - f(x)\right), \qquad x\in S,
$$

により変換 $\mathcal{A}$ を定義し，$\mathcal{A}f$ が存在する f の集合を $\mathcal{D}_\mathcal{A}$ とします．$\mathcal{A}$ を生成作用素と言います．この A に対して，$f\in M_b(S)$ ならば $T_tf\in\mathcal{D}_\mathcal{A}$ であり，

$$
\frac{d}{dt}T_t f(x) = \mathcal{A}T_t f(x), \qquad f\in M_b(S), \qquad (6.6.3)
$$

が成り立つことを証明できます．この式は発展方程式の期待値版です．

$\mathcal{A}$ を n 回繰り返して適用する変換を $\mathcal{A}^n$ と表し，$t \geq 0$ に対して，

$$e^{t\mathcal{A}} = \sum_{n=0}^{\infty} \frac{t^n}{n!} \mathcal{A}^n$$

により，変換 $e^{t\mathcal{A}}$ を定義し，指数行列と呼びます．A が有界な変換，すなわち，ある $K > 0$ に対して，$\|Af\| \leq K\|f\|$ がすべての $f \in \mathcal{D}_{\mathcal{A}}$ について成り立つならば，$e^{t\mathcal{A}}$ を定義することができます．

(6.6.3) 式は指数関数の微分方程式に似ています．実際に，初期条件 $T_0 f = f$ の下で (6.6.3) を解くと

$$T_t f(x) = e^{t\mathcal{A}} f(x), \qquad t \geq 0, x \in S, f \in M_b(S), \tag{6.6.4}$$

が得られます．(6.4.3) より，$f \in C_b^{1c}(\mathbb{R})$ に対して，

$$\begin{aligned} & f(X(t+\epsilon)) - f(X(t)) \\ & \quad = \int_t^{t+\epsilon} h(X(u)) f'(X(u)) du + \sum_{i=N(t)+1}^{N(t+\epsilon)} \Delta f(X(t_i)), \quad t \geq 0, \end{aligned}$$

です．この式の両辺の条件付き期待値を条件 $X(t) = x$ の下で取り，$t \downarrow 0$ とすれば，$X(t)$ の右連続性と (6.6.1) より，

$$\mathcal{A} f(x) = h(x) f'(x) + \lambda(x)(Q - I) f(x), \qquad f \in C_b^{1c}(\mathbb{R}) \tag{6.6.5}$$

が得られます．ここに Q は状態推移変換です．これを (6.6.4) へ適用すれば，形式的には条件 $X(0) = x$ の下での時刻 $X(t)$ の分布が計算できます．しかし，実際の計算はきわめて困難です．なお，条件付き期待値において，事象 $\{X(t) = x\}$ の確率が 0 場合があるかもしれません．この場合には，条件付き期待値の定義を再考する必要があります．

もう 1 つの大きな問題点は，変換 T_t が連続性 (6.5.3) を満たすという条件です．6.5 節の終わりで説明しように，簡単に反例ができます．したがって，生成作用素 $\mathcal{A}$ を計算できても，(6.6.4) は成り立ちません．

一夫：難しいことが次ぎから次に出てきて圧倒されましたが，どれも役に立たないという結論には拍子抜けです．

美子：私も同感ですが，先生は問題の難しさを言い訳していませんか．それと今回は説明なしに「証明できます」が多いように思いました．

先生：どうも次の一手を読まれてしまったようですね．問題が難しいときどうすればよいかをこれから考えていきたいのです．以下に解決すべき問題をまとめてみました．

(i) 確率が0の事象の下での条件付き期待値をどう定義するか．

(ii) 連続性 (6.5.3) が成り立つとき，$X(t)$ の分布を求めることが困難ならば，計算が可能でモデルの特性を表す量は何か．

(iii) 連続性 (6.5.3) が成立しないときには，どのような方法が可能か．

(vi) 微分できないような標本路があるときにはどうすればよいか．

これらの問題に取り組むためには，どうしても基礎的な知識が足りません．特に，条件付き期待値を正確に表現することが必要です．今回は確率過程の全体像を説明するため例は省きました．次回はテーマを絞ってゆっくりと説明していくつもりです．

6.7 演習問題

6.1 (6.4.4) で定義した指数関数 e^x が任意の $x \geq 0$ に対して有限であることを証明せよ．

6.2 (a) Z がパラメータ (m, σ) の正規分布に従うとき，平均 $\mathbb{E}(Z)$，分散 $\mathrm{Var}(Z)$，密度関数 $f_{m,\sigma}$，特性関数 $\varphi_{m,\sigma}(\theta)$ を求めよ．

(b) X, Y が独立で同一の標準正規分布に従うとき，$X+Y$ の分布関数を求めよ．

6.3 $f(x) = x$，$S = (0, \infty)$，$X(t) = X(0)e^{-tX(0)}$ とする．

(a) 各 $t > 0$ に対して，$T_t f(x)$ の $x > 0$ についての上限と下限を求めよ．

(b) $\sup_{x \in S} |T_t f(x) - f(x)|$ を求めよ．

(c) $\displaystyle\lim_{t \downarrow 0} \sup_{x \in S} |T_t f(x) - f(x)| = \infty$ を示せ．

第7章

条件付き期待値とマルコフ連鎖

これまで確率過程の時間的な展開を発展方程式を使って説明してきました．今回は具体的な応用例から始めます．この例では状態数が有限です．したがって，確率過程の標本路 $\{X(t)\}$ は状態変化時点を除けば，常に一定の値を取る t の関数です．

7.1　駐車場の問題

時間貸し有料駐車場の利用状況について考えます．この駐車場は K 台の車を収容することができ，満車になると道路の事情で空きを待つことができないとします．この駐車上に一時間当たり平均 λ 台の車がポアソン過程に従って駐車中の台数に関係なく到着し，利用時間は車ごとに独立で，平均 $\dfrac{1}{\mu}$ の指数分布に従うとします．ここに，λ, μ は共に正の定数とします．また，満車のときに到着した車は他の駐車場へ行ってしまうとします．

美子：ポアソン過程に従って到着するのはランダムな到着なので分かりますが，利用時間が指数分布というのは不自然な感じがします．

先生：確かに，利用時間が指数分布というのは現実に合っていないと思います．実はこれから説明する結果はこの分布形に依存せず，平均だけで決まります．しかし，初めから一般の分布と仮定すると，計算が難しくなるので指数分布を仮定しました．

美子：では，なぜ指数分布を仮定すると簡単になるのですか．

先生：指数分布の無記憶性がポイントです．これから詳しく説明します．

時刻 t で駐車場を利用中の車の台数を $X(t)$ とします．例えば，時刻 0 での駐車台数は $X(0)$ です．仮定より，$X(t)$ は 0 から K までの整数値を取ります．これより，$\{X(t); t \geq 0\}$ は状態空間 $S \equiv \{0, 1, \ldots, K\}$ をもつ確率過程です．なお，$X(t)$ の状変化時刻での値を確定するために，$X(t)$ は右連続な t の関数であると仮定します．すなわち，$X(t+) = X(t)$ です．

状態変化が起こるのは車が到着したときと退去したときです．これらの時刻列をそれぞれ，$\{a_n; n = 1, 2, \ldots\}$ と $\{d_n; n = 1, 2, \ldots\}$ により表します．このとき，$a_0 = d_0 = 0$ とおき，$t \geq 0$ に対して，

$$N_a(t) = \max\{n \geq 0; a_n \leq t\}, \qquad N_d(t) = \max\{n \geq 0; d_n \leq t\}$$

により，$N_a(t)$ と $N_d(t)$ を定義します．$N_a(t)$ は時刻 t までの車の到着台数であり，$N_d(t)$ は時刻 t までの車の退去台数です．到着しても満車ならば駐車場には入れないので，時刻 t での利用中の台数は

$$X(t) = X(0) + \sum_{\ell=1}^{N_a(t)} 1(X(a_\ell -) < K) - N_d(t)$$

となります．ここに，$1(\cdot)$ は定義関数であることを思い出して下さい．また，$X(a_\ell -)$ は到着時刻 a_ℓ の直前の駐車場を利用中の車の台数です．

ここで，時刻 t 以後の到着と退去を考えてみると指数分布の無記憶性から，それらは $X(t)$ の値だけで決まり，時刻 t より前の状態に依存しません．到着は駐車台数と独立ですから，時刻 t 以後もポアソン過程に従います．また，退去に関しては，$X(t) = 0$ のときは退去がないので，$X(t) = i \geq 1$ のときを考えてみます．このとき，i 台の車が駐車中ですので，それぞれの車に番号 $\ell = 1, 2, \ldots, i$ を付けます．各車の利用時間は指数分布に従うので，その無記憶性によって，番号 ℓ の車の退去までの残り時間 R_ℓ は平均 $\dfrac{1}{\mu}$ の指数分布に従うので，

$$\mathbb{P}(R_\ell > x) = e^{-\mu x}$$

です．また，$R_1, R_2, \ldots, R_i$ は独立な確率変数ですから，次に退去が起こるまでの時間を U とすると，$U = \min_{\ell=1,2,\ldots,i} R_\ell$ より，

$$\mathbb{P}(U > x) = \mathbb{P}(\min_{\ell=1,2,\ldots,i} R_\ell > x) = \prod_{\ell=1}^{i} e^{-\mu x} = e^{-i\mu x} \tag{7.1.1}$$

となります．すなわち，時刻 t 以後に初めて退去が起こるまでの時間 U は，平均 $\dfrac{1}{i\mu}$ の指数分布に従い，$X(t) = i$ のみに依存し，時刻 t より前の状態には依存しません．

以上のことから，時刻 t までの結果 $\{X(u); 0 \le u \le t\}$ は，時刻 t 以後の変化 $\{X(u); u > t\}$ に $X(t)$ を通してのみ関係していることがわかります．すなわち，$X(t) = i$ の下で，$\{X(u); u > t\}$ は $\{X(u); 0 \le u \le t\}$ と独立です．前回，このような確率過程をマルコフ過程と呼びました．

一夫：先生，前回も同じですが，このマルコフ過程の定義には言葉でごまかされているような気がしてなりません．

美子：私も同感です．この定義を式で表すとどうなるのでしょうか．

先生：痛いところを突いてきますね．式で表すためには 2.4 節で定義した条件付き期待値を再検討する必要があります．例によって横道にそれますが，ちょっとがまんして聞いてください．

7.2　条件付き期待値

これまで，事象 A が $\mathbb{P}(A) > 0$ であるときに，

$$\mathbb{E}(X|A) = \frac{\mathbb{E}(X1_A)}{\mathbb{P}(A)}$$

により確率変数 X の条件付き期待値を定義しました．ここに，1_A は事象 A が成り立つときに 1，成り立たないときに 0 をとる確率変数です．すなわち，$1_A(\omega) = 1(\omega \in A)$ です．この条件付き期待値の定義は $\mathbb{P}(A) = 0$ のときには使えません．例えば，$\{X(u); 0 \le u \le t\}$ の実現値を条件にしたいとして

も，一般にその確率は0となり条件付き期待値が計算できません．どうすればよいでしょうか？

ここで発想を変えて，条件付き期待値を事象に対してではなく標本 $\omega \in \Omega$ に対して定義することを考えます．これは平均を表す期待値の概念に反するように見えます．しかし，見方を変えれば，期待値はどんな標本 ω にも一定の値を対応させる関数です．また，$0 < \mathbb{P}(A) < 1$ である事象 A の条件付き期待値は，$\omega \in A$ ならば $\mathbb{E}(X|A)$ を，$\omega \in A^c$ ならば $\mathbb{E}(X|A^c)$ を対応させる ω の関数と見なすこともできます．このように考えていくと，条件付き期待値とは標本空間 Ω を分割して，分割された集合上では一定の値を取る関数であると見ることができます．この分割を表すために $\mathcal{F}$ の部分集合で Ω 上の σ-集合体となるもの，すなわち，部分 σ-集合体を使います．なお，一般に，ある添字集合 K に対して，$\{A_\alpha \subset \Omega; \alpha \in K\}$ が $\alpha, \beta \in K$ が $\alpha \neq \beta$ ならば $A_\alpha \cap A_\beta = \emptyset$ であり，$\cup_{\alpha \in K} A_\alpha = \Omega$ を満たすとき，Ω の分割であると言います．例えば，$\{A, A^c\}$ は Ω の分割です．

美子：待ってください．分割になぜ σ-集合体が出てくるのでしょうか．

先生：条件付き期待値が確率変数であるとすると，その期待値が計算できる必要があります．このためには，むやみやたらな分割はできません．そこで，部分 σ-集合体が作る分割に限定しました．部分 σ-集合体は分割ではありませんが，補集合について閉じていますので，分割を含む集合の集まりと考えてください．

以上のことから，$\mathcal{G}$ が Ω 上の σ-集合体で $\mathcal{G} \subset \mathcal{F}$ であるとき，$\mathbb{E}(X)$ が有限である確率変数 X に対して，次の条件を満たす確率変数 Z を考えます．

(7a)　Z は $\mathcal{G}$ 可測である．すなわち，任意の $x \in \mathbb{R}$ に対して，$\{\omega \in \Omega; Z(\omega) \leq x\} \in \mathcal{G}$ を満たす．

(7b)　任意の $A \in \mathcal{G}$ に対して，$\mathbb{E}(Z1_A) = \mathbb{E}(X1_A)$ が成り立つ．

これら条件を満たす Z を X の $\mathcal{G}$ の下での条件付き期待値と呼び，$\mathbb{E}(X|\mathcal{G})$ と表します．期待値の定義と同じように，X が非負（または0以下）の値しか取らない場合には，$\mathbb{E}(X)$ が有限でない場合にも条件付き期待値が定義できます．

例えば，先に述べた $0 < \mathbb{P}(A) < 1$ を満たす事象 A に対して，$\mathcal{G} = \{\emptyset, A, A^c, \Omega\}$ とすれば，$\mathcal{G}$ は $\mathcal{F}$ の部分 σ-集合体であり，

$$Z(\omega) = \begin{cases} \mathbb{E}(X|A), & \omega \in A, \\ \mathbb{E}(X|A^c), & \omega \in A^c \end{cases}$$

により定義された Z は (7a) と (7b) を満たします．したがって，条件付き期待値 $\mathbb{E}(X|\mathcal{G})$ が定義されます．ここで，条件付き期待値は単に $\mathbb{E}(X|A)$ ではなく，ω が A に入る，入らないにより，値が変わる ω の関数であることに注意してください．

一般に定義式 (7a) と (7b) を満たす確率変数 Z が存在することを証明できます．これは長さや体積の抽象概念である測度の微分に関する Radon-Nikodym の定理と同じ結果です．また，Z が確率 1 でただ 1 つ定まること，すなわち，Z' が Z と同じ封建を満たすならば $\mathbb{P}(Z = Z') = 1$ であることを証明できます．

一夫：先生，条件付き期待値の定義が今ひとつ理解できません．

先生：条件を満たすものとして定義していますので分かりにくいと思います．最初は簡単な例で考えるとよいかもしれません．例えば，Ω の $\mathcal{G}$ を有限分割 $\{A_1, A_2, \ldots, A_n\}$ を含む最小の σ-集合体とします．このときの条件付き期待値の定義を考えてみてください．

一夫：$\omega \in A_i$ ならば，$Z(\omega) = \mathbb{E}(X|A_i)$ とすれば良いのでしょうか．でも，$\mathbb{P}(A_i) = 0$ のときはどうすればよいのですか．

美子：$\mathbb{P}(A_i) = 0$ のときは，条件 (7b) にある式の両辺が 0 となるので，どんな値で定義しても良いと思います．

先生：その通りです．また，これは条件付き期待値が確率 1 でしか，ただ一つ定まらないことを表しています．このようにして有限分割の場合はよいとしても，一般の σ-集合体 $\mathcal{G}$ の条件付き期待値は分かりにくいと思います．そこで，$\mathcal{G}$ を条件とすることの解釈について説明しましょう．

条件付き期待値の条件となる $\mathcal{G}$ は，数学的には単に $\mathcal{F}$ の部分 σ-集合体です．しかし，確率現象の観測者という立場からは，標本に関する情報であると解釈することができます．すなわち，条件となる σ-集合体が大きくなるほ

ど情報が増え，条件付き期待値が細かくなると言えます．確率過程では，過去の情報に依存して将来の状態が変化するメカニズムを使いますので，このような情報に基づいた条件付き期待値の概念が重要です．

$\mathcal{G}$ を確率変数を使って表すこともあります．直感的には，$\mathcal{G}$ という網によって情報をすくい取ることを，確率変数の値を知ることに対応させようということです．この確率変数を Y とします．Y の値を知ることは，

$$\sigma(Y) = \{Y^{-1}(B); B \in \mathcal{B}(\mathbb{R})\}$$

によって定義された Ω 上の σ-集合体 $\sigma(Y)$ を条件に使うことであると考えます．ここに，$\mathcal{B}(\mathbb{R})$ は $\mathbb{R}$ 上のボレル集合体，すなわち，半開区間 $(a, b]$ をすべて含む $\mathbb{R}$ 上の最小の σ-集合体です．このとき，$\mathbb{E}(X|\sigma(Y))$ を $\mathbb{E}(X|Y)$ と表し，条件 Y の下での X の条件付き期待値と呼びます．なお，定義より，$\mathbb{E}(X|\sigma(X)) = X$ です．確率過程 $\{X(t); t \geq 0\}$ では，時刻 t までの履歴 $\{X(u); 0 \leq u \leq t\}$ がよく使われます．この履歴がもつ情報の集合を，すべての $u \in [0, t]$ に対して $\sigma(X(u))$ を含む Ω 上の最小の σ-集合体：

$$\sigma(X(u); 0 \leq u \leq t)$$

により表します．この σ-集合体の下での確率変数 W の条件付き期待値を $\mathbb{E}(W|X(u), 0 \leq u \leq t)$ と表します．

条件付き期待値の定義から，$\mathcal{F}$ の部分 σ-集合体 $\mathcal{G}_1$ と $\mathcal{G}_2$ に対して，次のことが成り立ちます．証明は定義を確かめるだけですので演習問題とします，

(7.i)　$\mathcal{G}_1 \supset \mathcal{G}_2$ ならば，

$$\mathbb{E}(\mathbb{E}(X|\mathcal{G}_1)|\mathcal{G}_2) = \mathbb{E}(X|\mathcal{G}_2). \tag{7.2.1}$$

特に，$\mathcal{G}_2 = \{\emptyset, \Omega\}$ ならば，$\mathbb{E}(\mathbb{E}(X|\mathcal{G}_1)) = \mathbb{E}(X)$ です．

(7.ii)　$\mathcal{G}_1$ と $\mathcal{G}_2$ が独立，すなわち，任意の $A_1 \in \mathcal{G}_1$ と任意の $A_2 \in \mathcal{G}_2$ に対して，$\mathbb{P}(A_1 \cap A_2) = \mathbb{P}(A_1)\mathbb{P}(A_2)$ ならば，

$$\mathbb{E}(\mathbb{E}(X|\mathcal{G}_1)|\mathcal{G}_2) = \mathbb{E}(X). \tag{7.2.2}$$

特に，確率変数 X と Y が独立ならば，$\mathbb{E}(X|Y) = \mathbb{E}(X)$ です．

条件付き期待値 $\mathbb{E}(X|\mathcal{G})$ において，事象 $A \in \mathcal{F}$ に対して $X = 1_A$ とすれば，条件付き確率 $\mathbb{P}(A|\mathcal{G})$ が定義されます．すなわち，

$$\mathbb{P}(A|\mathcal{G}) = \mathbb{E}(1_A|\mathcal{G})$$

です．もちろん，条件付き確率についても，(7.2.1) と (7.2.2) と同様な式が成り立ちます．

準備が整いましたので，マルコフ過程の定義を式で表しましょう．位相が定義された集合 S を状態空間とする確率過程 $\{X(t); t \geq 0\}$ が，任意の $s, t \geq 0$ に対して，条件

$$\mathbb{P}(X(s+t) \in B|X(u), 0 \leq u \leq s) = \mathbb{P}(X(s+t) \in B|X(s)), \quad B \in \mathcal{B}(S),$$

を確率 1 で満たすとき，$\{X(t); t \geq 0\}$ をマルコフ過程と呼びます．ここに，$\mathcal{B}(S)$ は S のすべての開集合を含む最小の σ 集合体です．例えば，S が可算集合であれば，$\mathcal{B}(S)$ は S の部分集合をすべて集めたものです．この定義は，S から R への任意の有界かつ連続な関数 f に対して，

$$\mathbb{E}(f(X(s+t))|X(u), 0 \leq u \leq s) = \mathbb{E}(f(X(s+t))|X(s))$$

が成り立つことと同値です．マルコフ過程 $\{X(t); t \geq 0\}$ において，任意の $s, t \geq 0$ に対して $\{X(u+s); 0 \leq u \leq t\}$ の確率法則が $\{X(u); 0 \leq u \leq t\}$ の確率法則に等しいならば，時間的に定常な推移を持つと言います．例えば，駐車場の例の $\{X(t)\}$ は定常な推移を持つマルコフ過程です．

以後，$\{X(t); t \geq 0\}$ は定常な推移を持つマルコフ過程であるとします．前回，$t \geq 0$ に対して，

$$T_t f(i) = \mathbb{E}(f(X(t))|X(0) = x), \qquad x \in S,$$

により，変換 T_t を定義しました．この変換により時刻 t での状態の分布や期待値を表すことができます．変換 T_t が半群となること，すなわち，$s, t \geq 0$ に対して，$T_{s+t} f = T_s(T_t f)$ がな立つことを証明しましょう．簡単のために，事象 $X(0) = x$ の下での条件付き期待値を $\mathbb{E}_x$ により表します．このとき，マルコフ過程の定義から，6.6 節で求めた (6.6.2) が

$$T_{s+t} f(x) = \mathbb{E}_x(f(X(s+t)))$$

$$= \mathbb{E}_x(\mathbb{E}(f(X(s+t))|X(u); 0 \le u \le s))$$

$$= \mathbb{E}_x(\mathbb{E}(f(X(s+t))|X(s)))$$

$$= \mathbb{E}_x(T_t f(X(s)) = T_s(T_t f)(x), \qquad x \in S \tag{7.2.3}$$

のように再定義した条件付き期待値を用いて得られます．

これまではマルコフ過程の状態空間は位相が定義できる一般的な集合でした．しかし，駐車場の例では S は有限集合です．一般に S が有限または可算集合であれば，位相は各点が開集合かつ閉集合となる離散位相です．したがって，位相は本質的に不要です．一般にこのような状態空間 S を持つマルコフ過程をマルコフ連鎖と呼ぶことにします．なお，時間が離散的なマルコフ過程をマルコフ連鎖と呼ぶこともあるので，本講座では連続時間マルコフ連鎖と呼ぶことにします．

7.3　連続時間マルコフ連鎖の生成作用素

前回マルコフ過程に対して，

$$\mathcal{A}f(x) = \lim_{\epsilon \downarrow 0} \frac{1}{\epsilon}(T_\epsilon f(x) - f(x)), \qquad x \in S,$$

により，生成作用素 A を定義しました．この生成作用素 $\mathcal{A}$ が存在すると，(7.2.3) とマルコフ連鎖の推移が定常であることから，

$$\begin{aligned} \frac{d}{dt} T_t f(x) &= \lim_{\epsilon \downarrow 0} \frac{1}{\epsilon}(T_\epsilon(T_t f)(x) - T_t f(x)) \\ &= \mathcal{A}(T_t f)(x) \end{aligned} \tag{7.3.1}$$

が得られます．前回述べたように，この微分方程式を解くと，

$$T_t f(i) = e^{t\mathcal{A}} f(i), \qquad i \in S, \tag{7.3.2}$$

です．ここに，$e^{t\mathcal{A}} = \displaystyle\sum_{n=0}^{\infty} \frac{t^n}{n!} \mathcal{A}^n$ です．したがって，時刻 t での状態確率が $\mathcal{A}$ から計算できます．

この生成作用素 $\mathcal{A}$ を駐車場の例について求めてみましょう．$X(t)$ は時刻 t での駐車場の利用台数です．状態空間 $S \equiv \{0, 1, \ldots, K\}$ から実数の全体集合 $\mathbb{R}$ への任意の関数 f と $t \geq 0, \epsilon > 0$ に対して，時刻 t から $t+\epsilon$ までの変化量を計算すると，

$$
\begin{aligned}
&f(X(t+\epsilon)) - f(X(t)) \\
&\qquad = \sum_{\ell=N_a(t)+1}^{N_a(t+\epsilon)} \Delta f(X(a_\ell)) + \sum_{\ell=N_d(t)+1}^{N_d(t+\epsilon)} \Delta f(X(d_\ell))
\end{aligned}
\tag{7.3.3}
$$

と表すことができます．ここに，$\Delta f(X(t)) = f(X(t)) - f(X(t-))$ です．

$i \in S$ に対して $X(t) = i$ という条件の下で (7.3.3) の条件付き期待値を取ります．初めに到着を考えます．時間区間 $(t, t+\epsilon]$ における車の到着台数は平均 $\lambda\epsilon$ のポアソン分布に従うので，丁度 1 台到着する確率は $\lambda\epsilon e^{-\lambda\epsilon}$ であり，2 台以上到着する確率は

$$
1 - (1 + \lambda\epsilon)e^{-\lambda\epsilon} = e^{-\lambda\epsilon}(e^{\lambda\epsilon} - (1 + \lambda\epsilon)) = o(\epsilon)
$$

です．ここに，$o(\epsilon)$ は ϵ で割って $\epsilon \downarrow 0$ とするとき，0 へ収束する量を表します．したがって，$\lambda\epsilon e^{-\lambda\epsilon} = \lambda\epsilon + o(\epsilon)$ より，

$$
\mathbb{E}\left(\sum_{\ell=N_a(t)+1}^{N_a(t+\epsilon)} \Delta f(X(a_\ell)) \middle| X(t) = i \right) = \lambda\epsilon(f(i+1) - f(i))1(i \neq K) + o(\epsilon)
$$

です．この結果は，条件付き期待値が時間区間 $(t, t+\epsilon]$ で最初に到着が起こる率 $\lambda\epsilon$ にそのときの状態変化による変動量をかけたものに $o(\epsilon)$ の誤差で一致することを表しています．

上記の考え方を車の駐車場からの退去に適用します．初めて退去が起こるまでの時間 U は (7.1.1) より，平均 $\dfrac{1}{i\mu}$ の指数分布に従います．したがって，到着の場合と同様に，

$$
\mathbb{E}\left(\sum_{\ell=N_d(t)+1}^{N_d(t+\epsilon)} \Delta f(X(a_\ell)) \middle| X(t) = i \right) = i\mu\epsilon(f(i-1) - f(i))1(i \geq 1) + o(\epsilon)
$$

が得られます．なお，$i=0$ のときには，到着があった後に退去が起こるので，変化量は $o(\epsilon)$ です．

以上の結果より，$t=0$ として (7.3.3) の条件付き期待値を取れば，$i=0,1,\ldots,K$ に対して，

$$\begin{aligned}\mathcal{A}f(i) &= \lim_{\epsilon\downarrow 1}\frac{1}{\epsilon}\mathbb{E}(f(X(\epsilon))-f(X(0))|X(0)=i)\\ &= \lambda(f(i+1)-f(i))1(i\neq K)+i\mu(f(i-1)-f(i)) \qquad (7.3.4)\end{aligned}$$

が得られます．これより，$\mathcal{A}$ は第 i 要素が $f(i)$ である $(K+1)$ 次元のベクトル列ベクトル f を第 i 要素が (7.3.4) により与えられる $(K+1)$ 次元のベクトルへ変換する行列であることがわかります．具体的に書くと

$$\mathcal{A}=\begin{pmatrix} -\lambda & \lambda & 0 & 0 & \ldots & \ldots & 0\\ \mu & -(\lambda+\mu) & \lambda & 0 & \ldots & \ldots & 0\\ 0 & 2\mu & -(\lambda+2\mu) & \lambda & \ddots & \ldots & \vdots\\ 0 & 0 & \ddots & \ddots & \ddots & \ddots & \vdots\\ \vdots & \vdots & \ddots & \ddots & \ddots & \ddots & 0\\ 0 & 0 & \ldots & 0 & (K-1)\mu & -(\lambda+(K-1)\mu) & \lambda\\ 0 & 0 & \ldots & \ldots & 0 & K\mu & -K\mu \end{pmatrix}$$

です．$i=0,1,\ldots,K$ を (7.3.4) へ代入して実際にこの行列が得られることを確かめてみてください．なお，$\mathcal{A}$ の各行の和は 0 ですので，$\mathbf{1}$ を要素がすべて 1 の列ベクトルとすると，$\mathcal{A}\mathbf{1}=\mathbf{0}$ となっています．

一般に $\{X(t)\}$ が連続時間マルコフ連鎖である，すなわち，有限または可算の状態空間 S をもつマルコフ過程であるならば，$\mathcal{A}$ は有限または無限次元の行列であり，$\mathcal{A}\mathbf{1}=\mathbf{0}$ が成り立ちます．このとき，(7.3.2) より，ベクトル $T_t f$ が計算できます．例えば，$j\in S$ に対して $f(i)=1(i=j)$ とすると，

$$\mathbb{P}(X(t)=j|X(0)=i)=\text{行列 } e^{t\mathcal{A}} \text{ の } ij \text{ 要素}$$

により，t 時間後に j となる確率を計算することができます．

例えば，駐車場の例では，$\mathcal{A}$ は有限次元の行列ですので，$\mathcal{A}$ を対角化することによって，$e^{t\mathcal{A}}$ を計算できます．しかし，非常に煩雑な式になり，数値計算の他に余り使い道がありません．

美子：これは前回説明のあった問題点の 1 つですね．

先生：簡単で意味のある量を見つけたいのですが，どうすればよいでしょうか．

美子：先生が以前不変な量があると良いと述べていたことを思い出しました．

一夫：時間的に変化する現象に不変な量はないと思うのだけれど．

先生：2 人ともなかなか良い点を見ています．$T_t f$ は t に依存して変わるのですが，$X(0)$ の分布をうまく選ぶと $\mathbb{E}(T_t f(X(0))$ が t に依存しない場合があります．この分布を定常分布と呼びます，定常分布が存在すれば，$t \to \infty$ のとき $X(t)$ の分布はこの定常分布に収束することを証明できます．したがって，定常分布により時間が十分に経過したときの駐車場の混み具合を評価することができます．この分布が不変な量です．詳しく説明しましょう．

7.4　定常分布

マルコフ連鎖において，状態空間 S 上の確率分布 $\nu \equiv \{\nu(i); i \in S\}$ が定常分布であることを式で表すと，任意の $t > 0$ に対して，

$$\nu(j) = \sum_{i \in S} \nu(i)\mathbb{P}(X(t) = j | X(0) = i), \qquad j \in S$$

が成り立つことです．ν を行ベクトル，$f = \{f(i); i \in S\}$ を列ベクトルと見なして

$$\nu f = \sum_{i \in S} \nu(i) f(i)$$

により，内積 νf を定義すれば，ν が定常分布であることは，任意の $t > 0$ に対して $\nu f = \nu T_t f$ が成り立つことと同値です．

したがって，ν が定常分布ならば，(7.3.2) より，$\nu f = \nu e^{t\mathcal{A}} f$ です．この式の両辺を各成分ごとに t で微分し，$t=0$ とすると，左辺は 0 に等しいので

$$0 = \nu \mathcal{A} e^{t\mathcal{A}} f \Big|_{t=0} = \nu \mathcal{A} f$$

となります．f は任意の関数（またはベクトル）ですから，この式は $\nu\mathcal{A} = \mathbf{0}$ に等しく，行列 $\mathcal{A}$ の ij 要素を q_{ij} と表すと，その要素ごとの式は

$$\sum_{i \in S} \nu(i) q_{ij} = 0, \qquad i \in S, \tag{7.4.1}$$

になります．逆に，(7.4.1) が成り立つならば，任意の $t > 0$ に対して $\nu e^{t\mathcal{A}} = \nu$ です．よって，(7.3.2) より，ν は定常分布です．以上をまとめると，確率分布 ν が (7.4.1) をみたすときに限り定常分布であるといえます．

駐車場の例で定常分布を求めてみましょう．この場合の (7.4.1) は，先の求めた行列 $\mathcal{A}$ より，

$$\begin{aligned}
&\lambda\nu(0) = \mu\nu(1),\\
&(\lambda + i\mu)\nu(i) = \lambda\nu(i-1) + (i+1)\mu\nu(1), \qquad i = 1, \ldots, K-1,\\
&K\mu = \lambda\nu(K-1)
\end{aligned}$$

と書けます．これは数列 $\{\nu(i); i \in S\}$ に関する3項間漸化式ですので，階差方程式を作り解けば，

$$\nu(i) = \nu(0)\frac{1}{i!}\left(\frac{\lambda}{\mu}\right)^i, \qquad i = 0, 1, \ldots, K, \tag{7.4.2}$$

が得られます．$\nu(0) + \ldots + \nu(K) = 1$ ですから，$\nu(0) = \left(\sum_{\ell=0}^{K} \frac{1}{\ell!}\left(\frac{\lambda}{\mu}\right)^\ell\right)^{-1}$ です．この結果から，例えば，到着した車が満車のため駐車場には入れない確率を $p_{\text{損失}}$ とすると，5.3節で証明したPASTAより

$$p_{\text{損失}} = \nu(K) = \frac{\frac{1}{K!}\left(\frac{\lambda}{\mu}\right)^K}{\sum_{\ell=0}^{K} \frac{1}{\ell!}\left(\frac{\lambda}{\mu}\right)^\ell}$$

が得られます．最初にこの式を導出した人の名前をとって，この式はアーラン (Erlang) B 式と呼ばれています．この式で K が十分い大きいと $\nu(0)$ は $e^{-\frac{\lambda}{\mu}}$ へ近づくので，$p_{損失}$ は $\frac{1}{K!}\left(\frac{\lambda}{\mu}\right)^K e^{-\frac{\lambda}{\mu}}$ により近似できます．

一夫：ということは，(7.4.2) の ν は K が大きいとポアソン分布に近づくと言うことですか．

先生：その通りです．ただし，平均が $\frac{\lambda}{\mu}$ となっていることに注意してください．

美子：いろいろ勉強しましたが，簡単な結果にびっくりです．

先生：答えだけならもっと簡単に得る方法があります．いろいろと回り道しているのは先に進むための準備です．次に状態数が無限（可算）のマルコフ連鎖の例を紹介します．

7.5　待ち行列の問題

客をサービスするシステムの混雑を数理的に表すモデルを待ち行列モデルと言います．5 章でこのモデルについて少し説明しました．この待ち行列モデルを題材にして連続時間マルコフ連鎖の定常分布について考えます．

いつものように客は自然な到着過程であるポアソン過程に従い到着し，到着率（単位時間当たりの平均到着人数）を λ とします．到着客は先着順に 1 つの窓口でサービスを受け退去します．サービス時間は互いに独立で同一の指数分布に従います．この分布の平均を $1/\mu$ とします．すなわち，n 番目に到着した客のサービス時間を表す確率変数を S_n とすると，$S_1, S_2, \ldots$ は独立であり，

$$\mathbb{P}(S_n \le x) = 1 - e^{-\mu x}, \qquad x \ge 0,$$

です．μ は窓口が休まずサービスしているときのサービス率（単位時間当たりのサービス客数）に一致します．このモデルを $M/M/1$ 型待ち行列と言います．ここに，M/M は到着と退去の無記憶性 (Memory less) を表しています．

美子：先生，また指数分布が出てきました．マルコフ連鎖を使うために必要な仮定と思いますが，応用的には意味があるのでしょうか．

先生：確かにこの仮定は簡単すぎるかもしれません．少し補足します．指数分布の変動係数が1であったことを思い出してください（1.3節）．普通よくある分布は変動係数が1より小さいものが多いので，この仮定は安全側の評価を与えることが期待されます．なお，サービス時間分布が一般型でも難しくはありませんが，連続時間マルコフ連鎖ではモデル化できません．

一夫：私は窓口が1つであることが気になりました．複数の窓口にすると難しいのでしょうか．

先生：サービス時間が指数分布に従い，待ち行列が1本である限り，複数窓口にしてもそれほど難しくはなりません．しかし，待ち行列が2本以上あると問題が飛躍的に難しくなります．例えば，待ち行列が窓口ごとあると，到着客が待ち行列を選ぶ方法がいろいろ考えられます．

$M/M/1$ 待ち行列が時刻0から稼働を始めたとします．時刻 t で待っている客とサービス中の客の合計を $X(t)$ とします．$X(t)$ が変化するのは，率 λ で客のが到着して1増える場合と，サービス中の客が率 μ で完了して1減る場合のいずれかです．したがって，$\{X(t); t \geq 0\}$ は $S = \{0, 1, 2, \ldots\}$ を状態空間とする離散時間マルコフ連鎖あり，その生成作用素 $\mathcal{A}$ は，任意の $t \geq 0$ と S から $\mathbb{R}$（実数全体）への任意の関数 f に対して，

$$\begin{aligned}\mathcal{A}f(i) &\equiv \lim_{\epsilon \downarrow 0} \frac{1}{\epsilon} \mathbb{E}(f(X(t+\epsilon)) - f(X(t)) | X(t) = i) \\ &= \lambda(f(i+1) - f(i)) + \mu(f(i-1) - f(i))1(i \geq 1)\end{aligned}$$

により与えられます．先月は $t = 0$ としましたが，$\mathcal{A}f$ は t の値には依存せず任意の $t \geq 0$ で成り立ちます．

$f(x) = 1(x = j)$ を代入して，この $\mathcal{A}$ を行列表現すると，

$$\mathcal{A} = \begin{pmatrix} -\lambda & \lambda & 0 & 0 & \cdots\cdots\cdots \\ \mu & -(\lambda+\mu) & \lambda & 0 & \cdots\cdots\cdots \\ 0 & \mu & -(\lambda+\mu) & \lambda & 0 \cdots\cdots \\ 0 & 0 & \mu & -(\lambda+\mu) & \lambda \quad 0 \quad \cdots \\ \vdots & \vdots & \ddots & \ddots & \ddots \ddots \ddots \end{pmatrix} \tag{7.5.1}$$

が得られます．ここに，1(条件) は条件が成り立つとき 1 そうでないとき 0 を値とする関数です．

前回話したように，微分方程式 $\frac{d}{dt}\mathbb{E}(f(X(t)|X(0)=i) = \mathcal{A}f(i)$ を解くことにより，指数行列 $e^{t\mathcal{A}}$ を使って，

$$\mathbb{P}(X(t)=j|X(0)=i) = e^{t\mathcal{A}} \text{ の } ij \text{ 要素}$$

が得られます．したがって，初めに i 人の客がいたとき，時刻 t で j 人の客がいる確率が計算できます．しかし，指数行列を計算することはたいへんです．そこで，時刻 t に依存しない $X(t)$ の分布である定常分布について調べました．定常分布を ν とすると，ν は

$$\sum_{j\in S} \nu(i)q_{ij} = 0, \qquad j \in S, \tag{7.5.2}$$

を満たす S 上の確率分布です．ここに，q_{ij} は行列 $\mathcal{A}$ の ij 要素です．この方程式を定常方程式と呼びます．

今回の S は可算無限集合ですので，$\mathcal{A}$ は無限次元の行列です．この場合には (7.5.2) を満たす確率分布 ν が存在するとは限りません．これを具体的に示すために，(7.5.2) を解いてみましょう．$\mathcal{A}$ の行列表現 (7.5.1) から，(7.5.2) は

$$-\lambda\nu(0) + \mu\nu(1) = 0,$$

$$\mu\nu(j+1) - (\lambda+\mu)\nu(j) + \lambda\nu(j-1) = 0, \qquad j \geq 1,$$

となります．これは，$\{\nu(j); j = 0,1,\ldots\}$ を数列と見なすと漸化式ですから，階差を取ることにより，

$$\mu\nu(j+1) - \lambda\nu(j) = \mu\nu(j) - \lambda\nu(j-1), \qquad j \geq 0,$$

が得られます．この式を繰り返し使い，元の第1式を使うと，

$$\begin{aligned}\mu\nu(j) - \lambda\nu(j-1) &= \mu\nu(j-1) - \lambda\nu(j-2) \\ &= \mu\nu(j-2) - \lambda\nu(j-3) \\ &\quad \cdots \\ &= \mu\nu(1) - \lambda\nu(0) = 0\end{aligned}$$

です．したがって，$\rho = \dfrac{\lambda}{\mu}$ とおくと

$$\nu(j) = \rho\nu(j-1) = \rho^2\nu(j-2) = \ldots = \rho^j\nu(0)$$

が得られ，$\nu(j)$ が定数倍を除いて定まります．しかし，$\rho \geq 1$ ならば，

$$\sum_{j\in S}\nu(j) = \nu(0)\sum_{j=0}^{\infty}\rho^j = +\infty$$

ですから，ν を確率分布とすることができません．

一方，$\rho < 1$ ならば，幾何級数の和の公式から $\displaystyle\sum_{j\in S}\nu(j) = \nu(0)\frac{1}{1-\rho}$ です．したがって，$\nu(0) = 1-\rho$ とすれば，

$$\nu(j) = (1-\rho)\rho^j, \qquad j \geq 0,$$

によって決まる ν は確率分布であり，定常分布が確かに存在します．ここで質問です．どうして，ρ の値によって定常分布の存在が変わるのでしょうか．

美子：ρ の定義から，$\rho = \lambda \times$ (平均サービス時間) ですから，ρ は単位時間内に到着する客のサービス時間の和の平均です．これが1より大きいとサービスが客の到着に追いつかなくなり，待ち行列が発散してしまうと思います．このときには，$X(t)$ の分布が必ず変わるので定常分布はないということでしょうか．

先生：その通りです．実際に，$N(t)$ を時刻 t までの到着客数とすると，時刻 t までの到着客をすべてサービスするのに必要な時間は $\sum_{n=1}^{N(t)} S_n$ です

ので，大数の法則から

$$\lim_{t\to\infty}\frac{1}{t}\left(\sum_{n=1}^{N(t)} S_n - t\right) = \lim_{t\to\infty}\frac{N(t)}{t}\frac{1}{N(t)}\sum_{n=1}^{N(t)} S_n - 1$$
$$= \lambda\mathbb{E}(S_1) - 1 = \rho - 1$$

が確率1で成り立ちます．したがって，$\rho > 1$ ならば，客の到着が窓口の処理能力を超えてしまい，$X(t)$ は確率1で発散します．しかし，$\rho = 1$ のときはどうなるのでしょうか．

美子：答えは定常分布が存在しないですから，こじつけて考えてみると，ランダムな要因が定常分布の存在を妨げているというのはどうですか．

一夫：でも先生の計算した大数の法則では客の到着と窓口の処理能力が均衡するので，すべての客がサービスを受けられるように思うのだけど．

先生：2人ともなかなか良い点を突いています．$\rho = 1$ のときには，どんな状態から出発しても，確率1でいつか客数が0になります．それにもかかわらず定常分布が存在しないのは，同じ状態に戻ってくる時間に問題があります．この点を詳しく見ていきましょう．

7.6　再帰時間と状態の分類

これからしばらく，一般の連続時間マルコフ連鎖 $\{X(t); t \geq 0\}$ について話します．このマルコフ連鎖は可算集合 S に状態を取り，時間的に定常な状態推移をもち，その生成作用素を行列 $\mathcal{A} \equiv \{q_{ij}; i, j \in S\}$ とします．このとき，t_n を n 番目の客の到着時刻とすると，各時刻 t において $\epsilon > 0$ が十分小さいとき，

$$\mathbb{E}\Big(\sum_{n=N(t)+1}^{N(t+\epsilon)} (f(X(t_n)) - f(X(t_n-)))\Big| X(t) = x\Big)$$
$$= \epsilon\mathcal{A}f(x) + o(\epsilon) \qquad (7.6.1)$$

が成り立つことを思い出してください (8月号本講座の (10) 式)．ここに $o(\epsilon)$ は $\epsilon \downarrow 0$ のとき，$o(\epsilon)/\epsilon \to 0$ となる量でスモールオーダーと呼びました．な

お，マルコフ連鎖の標本関数 $X(t)$ はすべての $0 \le t < \infty$ で存在すると仮定します．例えば，生成作用素 $\mathcal{A}$ の対角成分が有界ならばこの仮定が満たされますが，満さない例を作ることもできます．

このマルコフ連鎖が与えられた時刻から初めて状態 $i \in S$ に到達するまでの時間を $\tau(i)$ とします．ただし，到達しないときは $\tau(i) = \infty$ とします．マルコフ連鎖は観察時刻での状態が与えられた下では過去には依存しなことと定常な推移をもつことから，$\tau(i)$ は最初の状態には依存しますが，その時刻には依存しません．いつものように，条件付き確率 $\mathbb{P}(\cdot|X(0) = i)$ を $\mathbb{P}_i(\cdot)$ と表し，条件付き期待値 $\mathbb{E}(\cdot|X(0) = i)$ を $\mathbb{E}_i(\cdot)$ と表します．このとき，$\mathbb{P}_i(\tau(i) < \infty)$ は状態 i へ戻る確率であり，$\mathbb{E}_i(\tau(i))$ は戻るまでの平均時間です．

ここで，$M/M/1$ 待ち行列の例の場合には，$\rho \le 1$ ならば同じ状態に必ず戻ってくるようなので，

$$\mathbb{P}_i(\tau(i) < \infty) = 1 \tag{7.6.2}$$

が予想されます．また，$\rho < 1$ のときには，定常分布が存在するので，状態 i に戻ってくる平均時間の逆数は状態 i が発生する頻度であり，定常確率に比例すると考えられます．したがって，

$$\mathbb{E}_i(\tau(i)) < \infty \tag{7.6.3}$$

も予想されます．実際に，$\rho < 1$ ならば，

$$\mathbb{E}_0(\tau(0)) = \frac{1}{\lambda} + \frac{1}{\mu(1-\rho)}$$

であることを確認できます．右辺の第1項が状態 i から出るまでの平均時間，第2項が状態 i から出て i へ戻るまでの平均時間です．

一般の連続時間マルコフ連鎖 $\{X(t)\}$ において，(7.6.2) 式が成り立つとき，状態 i は再帰的であると言います．成り立たないときは，i は一時的であると言います．また，状態 i が再帰的であるとき，(7.6.3) が成り立つならば i は正再帰的，成り立たないならば零再帰的と言います．このようにして，マルコフ連鎖の状態を分類することができます．2つの状態 i, j が互いに到達

可能である，すなわち，$\mathbb{P}_i(\tau(j) < \infty) > 0$ かつ $\mathbb{P}_j(\tau(i) < \infty) > 0$，ならば，$i$ と j は同じ分類に属すことを証明できます．例えば，$M/M/1$ 待ち行列の場合には，すべての状態が互いに到達可能です．このような場合には，マルコフ連鎖またはその生成作用素 $\mathcal{A}$ が既約であると言い，すべての状態が，一時的，零再帰的，正再帰的のいずれか 1 つに分類されます．

一夫：先生，分類はわかりますが，この分類が $M/M/1$ 待ち行列の $\rho = 1$ の場合にどう役立つのかよくわかりません．

美子：$\rho = 1$ の場合に $\mathbb{E}_i(\tau(i)) = \infty$ を証明できればよいと思いますが，どうすればよいかわかりません．

先生：確かにこれは簡単な問題ではありません．$\mathbb{E}_i(\tau(i))$ と定常分布の関係を調べることから始めましょう．

7.7　定常測度と定常分布

マルコフ連鎖において，1 つの状態に戻ってくる様子に注目すると，マルコフ性により，戻って来るごとに同じパターンを繰り返していることがわかります．これより，戻ってくる期間を 1 つ取り出せば定常確率のような状態の発生頻度が得られると予想できます．そこで，状態 i から出て戻って来るまでの期間で状態 $j \in S$ にいる平均時間を $m_i(j)$ とします．このとき，

$$m_i(j) = \mathbb{E}\left(\int_0^{\tau(i)} 1(X(u) = j)du \middle| X(0) = i \right)$$

です．なお，$m_i(i)$ は初めて i から出るまでの平均時間ですから，

$$m_i(i) = -\frac{1}{q_{ii}}$$

です（演習問題）．ここに，q_{ii} は生成作用素 $\mathcal{A}$ の ii 成分であり，状態 i から出る率を表します．また，

$$\sum_{j \in S} m_i(j) = \mathbb{E}_i\left(\int_0^{\tau(i)} du \right) = \mathbb{E}_i(\tau(i))$$

です．したがって，$m_i(j)$ の和が有限ならば，$\mathbb{E}_i(\tau(i))$ が有限であることがわかります．

一般に $\tau(i)$ は有限とは限らないので，定数 $t > 0$ に対して，$\tau_t(i) = \min(t, \tau(i))$ とおきます．このとき，標本関数 $X(u)$ の時刻 0 から時刻 $\tau_t(i)$ までの変化を各時刻での変化量の和として表すと，

$$\begin{aligned} & f(X(\tau_t(i))) - f(X(0)) \\ & \qquad = \sum_{n=1}^{N(t)} (f(X(t_n)) - f(X(t_n -)))\, 1(t_n < \tau_t(i)) \end{aligned} \tag{7.7.1}$$

です．この式は (7.3.3) と基本的に同じですが，時刻 $\tau_t(i)$ までであることが少し違っている点です．

(7.7.1) 式を条件 $X(0) = i$ の下で期待値を取るために，(7.7.1) の右辺を微少な区間に分けたときの期待値を計算します．ここで，条件付き期待値とマルコフ過程の定義を思い出してください．復習すると，任意の確率変数 Y に対して，

$$\mathbb{E}_i(Y) = \mathbb{E}_i(\mathbb{E}_i(Y|X(s), 0 \le s \le u)) = \mathbb{E}_i\left(\mathbb{E}_{X(u)}(Y)\right)$$

が成り立ちます．次に，$1(u < \tau_t(i))$ の値は $\{X(s); 0 \le s \le u\}$ によって決まることから，

$$\mathbb{E}_i(Y1(u < \tau_t(i))|X(s), 0 \le s \le u) = 1(u < \tau_t(i))\mathbb{E}_i(Y|X(s), 0 \le s \le u)$$

です．したがって，(7.6.1) を使って，次の式が計算できます．

$$\begin{aligned} & \mathbb{E}_i\left(\sum_{n=N(u)+1}^{N(u+\epsilon)} (f(X(t_n)) - f(X(t_n -)))\, 1(u < \tau_t(i))\right) \\ & \quad = \mathbb{E}_i\left(\mathbb{E}_{X(u)}\left(\sum_{n=N(u)+1}^{N(u+\epsilon)} (f(X(t_n)) - f(X(t_n -)))\, 1(u < \tau_t(i))\right)\right) \\ & \quad = \mathbb{E}_i\left(1(u < \tau_t(i))\mathbb{E}_{X(u)}\left(\sum_{n=N(u)+1}^{N(u+\epsilon)} (f(X(t_n)) - f(X(t_n -)))\right)\right) \end{aligned}$$

$$= \epsilon \mathbb{E}_i \left(1(u < \tau_t(i))\mathcal{A}f(X(u))\right) + o(\epsilon).$$

この式に $\epsilon = \frac{1}{\ell}$，$u = \frac{k}{\ell}$ $(k = 0, 1, \ldots, \ell - 1)$ を代入して加え合わせ，$\ell \to \infty$ とすれば

$$\mathbb{E}_i\Big(\sum_{n=1}^{N(t)} \big(f(X(t_n)) - f(X(t_n-))\big) 1(u < \tau_t(i))\Big)$$
$$= \int_0^t \mathbb{E}_i \left(1(u < \tau_t(i))\mathcal{A}f(X(u))\right) du$$

です．これより，$X(0) = i$ の条件の下で (7.7.1) の条件付き期待値を取ると，

$$\mathbb{E}_i(f(X(\tau_t(i)))) - f(i) = \mathbb{E}_i \left(\int_0^t 1(u < \tau_t(i))\mathcal{A}f(X(u))du \right) \tag{7.7.2}$$

が得られます．

ここで，$\mathbb{P}(\tau(i) < \infty) = 1$ と仮定します．このとき，$t \to \infty$ に対して $\tau_t(i) \to \tau(i)$ ですから，

$$\lim_{t \to \infty} \mathbb{E}_i(f(X(\tau_t(i)))) = \mathbb{E}_i(f(X(\tau(i)))) = f(i)$$

です．よって，(7.7.2) 式で $t \to \infty$ とすれば，

$$\begin{aligned} 0 &= \mathbb{E}_i \left(\int_0^\infty 1(u < \tau(i))\mathcal{A}f(X(u))du \right) \\ &= \mathbb{E}_i \left(\int_0^\infty \sum_{j \in S} 1(X(u) = j) 1(u < \tau(i))\mathcal{A}f(X(u))du \right) \\ &= \sum_{j \in S} \mathbb{E}_i \left(\int_0^{\tau(i)} 1(X(u) = j)du \right) \mathcal{A}f(j) \end{aligned} \tag{7.7.3}$$

です．したがって，$m_i(j)$ の定義から，

$$\sum_{j \in S} m_i(j)\mathcal{A}f(j) = 0 \tag{7.7.4}$$

がわかりました．これは，定常分布を決定する方程式 (7.5.2) と同値ですから，定常分布が唯1つならば，ある定数 $c > 0$ があって，

$$m_i(j) = c\nu(j), \qquad j \in S,$$

が成り立ちます．例えば，$M/M/1$ 待ち行列では，$\rho \leq 1$ のとき $m_i(j) = c\rho^j$ ですから，

$$\mathbb{E}_i(\tau(i)) = \sum_j m_i(j) = c\sum_{j=0}^{\infty} \rho^j$$

となり，$\rho < 1$ ならば $\mathbb{E}_i(\tau(i)) < \infty$，$\rho = 1$ ならば $\mathbb{E}_i(\tau(i)) = \infty$ です．なお，一般に (7.7.4) を満たす非負の $\{m_i(j)\}$ を $\mathcal{A}$ の定常測度と呼びます．$\mathcal{A}$ が既約ならば，すべての $j \in S$ に対して，$m_i(j) > 0$ です．

次に，$\mathbb{P}_i(\tau(i) < \infty) < 1$ と仮定します．すなわち，正の確率で i に戻らないことがあるとします．このとき，$f(x) = 1(x = i)$ とすると，

$$\begin{aligned}\lim_{t\to\infty} \mathbb{E}_i(f(X(\tau_t(i)))) &= \lim_{t\to\infty} \mathbb{E}_i(f(X(\tau(i)))1(\tau(i) < \infty)) \\ &= \mathbb{P}_i(\tau(i) < \infty)\end{aligned}$$

です．よって，(7.7.2) 式で $f(x) = 1(x = i)$ とし，$t \to \infty$ とすれば，(7.7.3) と同様な計算により，

$$\sum_{j\in S} m_i(j)q_{ji} = -\mathbb{P}(\tau(i) = \infty) < 0, \tag{7.7.5}$$

です．この場合には，$\{m_i(j)\}$ は定常方程式 (7.7.4) を満たしません．一方，$k \neq i$ に対して，$\mathbb{P}(\tau_k < \infty) = 1$ ならば，(7.7.4) が $f(x) = 1(x = k)$ に対して成り立ちます．したがって，一時的である場合には，

$$\sum_{j\in S} m_i(j)q_{jk} \leq 0, \qquad k \in S, \tag{7.7.6}$$

が成り立ち，等号が成立しない k があります．

一般に (7.7.6) を満たす非負の $m_i(j)$ で恒等的に 0 でないものを半不変測度と呼びます．特に，$\mathcal{A}$ が既約ならば，すべての j で $m_i(j) > 0$ となること

を証明できます．半不変測度で真の不等号が成り立つ k があるものを狭義の半不変測度と呼びます．既約なマルコフ連鎖では，再帰的ならば半不変測度が不変測度に一致すること，狭義の半不変測度をもつことは，一時的であるための必要十分条件であることを証明できます．

以上をまとめると，各 $\in S$ に対して，定常方程式 (7.5.2) を満たす非負の解 $\{\nu(j); j \in S\}$ で $\nu(i) > 0$ であるものを求める（または解をもたないことを示す）ことにより，マルコフ連鎖 $\{X(t)\}$ の $t \to \infty$ での特性を次のように分類できます．

- 恒等的に 0 でない解が存在し，$c \equiv \sum_{j \in S} \nu(j)$ が有限である場合：i は正再帰的となり，定常分布 ν は，

$$\nu(j) = \frac{m_i(j)}{\mathbb{E}_i(\tau(i))}, \qquad j \in S, \tag{7.7.7}$$

　と表すことができる．
- 恒等的に 0 でない解が存在するが，$c = \infty$ となる場合には，(7.7.6) を満たす狭義の半不変測度が存在しなければ，i は零再帰的である．
- その他の場合には，i は一時的であり，(7.7.6) を満たす狭義の半不変測度が存在する．

なお，(7.7.7) 式から，状態 j の定常確率 $\nu(j)$ は状態 j にいる時間の割合を表すことがわかります．例えば，$M/M/1$ 待ち行列では定常分布 ν によってシステムが長時間稼働したときの混雑の程度を量ることができます．

美子：理論的には深い結果のようにも見えますが，$\nu(j)$ はどうやって計算するのでしょうか？このとき，$m_i(j)$ も計算できますか？また，一時的の場合に $m_i(j)$ を求める方法があるのでしょうか．

先生：$\nu(j)$ の計算はモデルごとに考える必要があり，一般に簡単ではありません．そこで，一時的，零再帰的についての別の条件もあります．また，正再帰的に対しても，もっと直感的な条件があります．機会があれば説明します．なお，既約で非周期的（正の確率で各状態に戻るまでの時間の最大公約数が 1 に等しい）な場合には，正再帰的ならば $\nu(i) = 1/\mathbb{E}_i(\tau(i))$ となることを証明できます．したがって，この場合に

は $m_i(j) = \nu(j)/\nu(i)$ です．

一夫：先生，理論に疲れました．具体的な計算例で説明してください．

先生：わかりました．待ち行列の例に戻りましょう．

7.8　待ち行列はどのように発散するのか

皆さんは一時的の場合に興味があるようなので，$M/M/1$ 待ち行列で $\rho > 1$ の場合について，(7.7.5) を満たす $m_0(j)$ を計算してみましょう．初めに，一般に生成作用素 $\mathcal{A} = \{q_{ij}\}$ をもつマルコフ連鎖の状態変化が起きたという条件の下での状態 i から j への推移確率は

$$\frac{q_{ij}}{\sum_{k \in S \setminus \{i\}} q_{ik}} = -\frac{q_{ij}}{q_{ii}}, \qquad i \neq j,$$

であることに注意します．

次に，$\mathbb{P}_0(\tau(0) < \infty)$ を計算します．$M/M/1$ 待ち行列では，系内客数の状態は0のつぎは必ず1になりますので，

$$\mathbb{P}_1(\tau(0) < \infty) = \mathbb{P}_0(\tau(0) < \infty)$$

です．さらに，状態1で変化が起きたとき，状態0へ行く確率は $\frac{\mu}{\lambda+\mu}$ であり，状態1へ行く確率は $\frac{\lambda}{\lambda+\mu}$ です．したがって，最初の状態変化で場合を分ければ，

$$\mathbb{P}_0(\tau(0) < \infty) = \mathbb{P}_1(\tau(0) < \infty) = \frac{\mu}{\lambda + \mu} + \frac{\lambda}{\lambda + \mu}\mathbb{P}_2(\tau(0) < \infty)$$

です．ここで，(7.5.1) から，状態2から1へ戻る確率は，状態1から0へ戻る確率に一致することがわかります．したがって，

$$\mathbb{P}_2(\tau(0) < \infty) = (\mathbb{P}_1(\tau(0) < \infty))^2 = (\mathbb{P}_0(\tau(0) < \infty))^2$$

です．得られた2式から，$x = \mathbb{P}_0(\tau(0) < \infty)$ とおくと方程式

$$x = \frac{\mu}{\lambda + \mu} + \frac{\lambda}{\lambda + \mu}x^2$$

が得られます．$x = 1$ であることは簡単にわかりますので，もう一つの解を求めると $x = \rho^{-1}$ が得られます．一時的ならば，$x < 1$ ですから，$\mathbb{P}_0(\tau(0) < \infty) = \rho^{-1}$ となることがわかりました．

以上の結果を (7.7.5) に適用すれば，以下の方程式が導かれます．

$$\rho m_0(0) = \frac{1}{\lambda}(\rho - 1) + m_0(1),$$
$$(\lambda + \mu)m_0(j) = \lambda m_0(j-1) + \mu m_0(j+1), \qquad j \geq 1.$$

ここで，$m_0(0) = \frac{1}{\lambda}$ であるので，第1式から $m_0(1) = \frac{1}{\lambda}$，以後繰り返して代入すると，

$$m_0(j) = \frac{1}{\lambda}, \qquad j \geq 0,$$

が得られます．これは，$\rho > 1$ ならば，待ち行列が空のときからシステムを稼働したとき，次に空になるまたは発散するまでに系内客数が j である時間の平均が，j に依存しない定数であり，平均到着間隔に等しいことを表しています．

一夫：$\rho < 1$ のときと比較すると，不思議な結果ですね．$\rho > 1$ のときにも何かあると思って山を登ったら，目の前は何もない平原だったという感じです．

美子：同感です．理由を説明してください．

先生：この結果は，定常方程式の解が定数になるという意味で $\rho = 1$ のときの結果と同じですね．また，λ を一定にして，$\rho \to \infty$ とすると，$\mu \downarrow 0$ ですから，平均サービス時間が発散し，ほとんどの客がサービスを受けられず待たされます．この場合の $X(t)$ は到着を数える $N(t)$ とほぼ等しくなり，客数が j である時間の平均は平均到着間隔 $\frac{1}{\lambda}$ に近づきます．しがって，$\rho = 1$ と $\rho \to \infty$ の両極端で $m_0(j)$ が定数になることから，$1 < \rho < \infty$ を満たすすべての ρ で定数になることが予想できます．

美子：何となく理解できました．空に戻るまでという制限がきいているということでしょうか．

先生：それもありますが，やはり $\rho > 1$ のときには様相が大きく変わると考えるべきです．ただし，現実には待ち行列の制限や窓口の増設などのた

めに，$\rho > 1$ は余り起こらないでしょう．$\rho > 1$ は数学モデル上の現象と考えてください．$M/M/1$ 待ち行列に限らず，待ち行列モデルの現実の応用では，定常分布をもつ場合が重要です．逆説的ですが，このような場合を調べるために定常分布がない場合も考える必要があります．

7.9　演習問題

以下では，確率空間を $(\Omega, \mathcal{F}, \mathbb{P})$ とする．

7.1 $\mathcal{G}$ が $\mathcal{F}$ の部分 σ-集合体であるとする．Z, Z' が $\mathcal{G}$-可測であるとき，

$$\mathbb{E}(Z1_A) = \mathbb{E}(Z'1_A), \qquad A \in \mathcal{G},$$

ならば，確率 1 で $Z = Z'$ が成り立つことを証明せよ．

7.2 確率変数 X の期待値が有限であるとき，

(a) $\mathbb{R}$ から $\mathbb{R}$ への可測関数 h に対して，$\mathbb{E}(h(X)|\sigma(X)) = h(X)$ を示せ．

(b) (7.i) を証明せよ．

(c) (7.ii) を証明せよ．

7.3 X, Y がそれぞれ有限な期待値をもつ確率変数であり，$\mathcal{G}$ が $\mathcal{F}$ の部分 σ-集合体であるとき，次の式または命題が確率 1 で成り立つ成り立つことを証明せよ．

(a) 定数 a に対して，$\mathbb{E}(aX|\mathcal{G}) = a\mathbb{E}(X|\mathcal{G})$.

(b) $\mathbb{E}(X + Y|\mathcal{G}) = \mathbb{E}(X|\mathcal{G}) + \mathbb{E}(Y|\mathcal{G})$.

(c) $\mathbb{P}(X \leq Y) = 1$ ならば，$\mathbb{E}(X|\mathcal{G}) \leq \mathbb{E}(Y|\mathcal{G})$.

7.4 $k \times k$ の正方行列 A が，$k \times k$ の正則行列 B と対角行列 Λ により，$A = B^{-1}\Lambda B$ と表すことができた．Λ の第 i 対角成分を λ_i とするとき，

(a) A^n を，B と λ_i^n を第 i 対角成分とする対角行列 Λ_n を使って表せ．

(b) e^{tA} を，B と $e^{t\Lambda}$ を使って表せ．

第8章

連続時間から離散時間へ

前回 $M/M/1$ 型待ち行列モデルを紹介しました．このモデルで，サービスにかかる時間は独立で同一の指数分布に従うと仮定しました．この指数分布の仮定は不自然ではないかという質問がありましたので，今回はこの分布が一般の分布に従う場合について考えてみます．

8.1 $M/G/1$ 型待ち行列

客がランダム（すなわち，ポアソン過程に従って）到着し，1つの窓口で到着順にサービスを受けて帰るとします．このモデルにおいて，n 番目に到着した客のサービス時間を S_n とすれば，$S_1, S_2, \ldots$ は独立な確率変数の列であり，任意の $n \geq 1$ に対して，S_n は同一の分布 F に従う，すなわち，

$$\mathbb{P}(S_n \leq x) = F(x), \qquad x \geq 0,$$

であると仮定します．$M/M/1$ と同じように，客の平均到着率を λ とし，$X(t)$ により時刻 t でのサービス中と待っている客の和を表します．この数を系内客数と呼びます．また，$\rho = \lambda\mathbb{E}(S_1)$ とおき，トラヒック密度と呼びます．これまでの例では，$\mathbb{E}(S_1) = \dfrac{1}{\mu}$ ですので，$\rho = \dfrac{\lambda}{\mu}$ です．

上記の待ち行列モデルを $M/G/1$ 型待ち行列と呼びます．サービス時間分布 F が指数分布の場合には，系内人数過程 $\{X(t); t \geq 0\}$ が連続時間マルコフ連鎖になりました．ここで質問です．F が指数分布でない場合も $X(t)$ は

マルコフ連鎖になるでしょうか.

一夫：先生，マルコフ連鎖とは現在の状態がわかれば，将来の状態変化が過去に依存しない確率過程ですね.

先生：その通りです．F として具体的な分布を考えてみてください．例えば，サービス時間が一定値であるとしてみてはどうでしょう.

美子：その場合，時刻 t で $X(t) > 0$ とすると，次の状態変化が起こるまでの時間が現在サービス中の客の過去のサービス開始時刻に依存するので，$\{X(t)\}$ はマルコフ連鎖にならないということでしょうか.

先生：正解です.

一夫：何となくわかりましたが，もっと具体的に説明してください.

先生：記号を使って説明します．次の状態変化が起こるまでの時間を $R(t)$ とします．$R(t)$ は到着かサービス完了の小さい方です．したがって，次の到着が起こるまでの時間を $R_a(t)$，現在サービス中の客のサービスが完了するまでの時間を $R_s(t)$ とすれば，$R(t) = \min(R_a(t), R_s(t))$ です．ポアソン到着ですから，$R_a(t)$ は現在の状態とは独立であり，平均 $\frac{1}{\lambda}$ の指数分布に従います．サービス時間が一定値 $b > 0$ に等しく，時刻 t より u 時間前にサービスが開始されたとすると，$R_s(t) = b - u \geq 0$ ですから，$x \geq 0$ に対して，

$$\begin{aligned}\mathbb{P}(R(t) > x) &= \mathbb{P}(R_a(t) > x)\mathbb{P}(R_s(t) > x) \\ &= \begin{cases} e^{-\lambda x}, & x < b - u, \\ 0, & x \geq b - u \end{cases}\end{aligned}$$

です．したがって，$R(t)$ は指数分布に従いません．$R(t)$ が指数分布に従わないので $X(t)$ はマルコフ連鎖ではありません.

一夫：$R(t)$ は過去のサービス開始時刻にも依存するのか．納得です.

美子：$\{X(t)\}$ が連続時間マルコフ連鎖ではないことがわかりました．説明を聞いているうちに，各時刻で次にサービスを完了するまでの時間 $R_a(t)$ を状態に取り込めば，連続時間マルコフ過程になりませんか.

先生：その通りです．しかし，状態が離散的ではなくなります．そこで違った角度から問題を考えてみましょう.

8.2　隠れマルコフ連鎖

$M/G/1$ 型マルコフ連鎖の系内客数過程 $\{X(t)\}$ おいて，客のサービスが完了した時刻に注目します．この時刻の列に順番に番号を付けて $d_1, d_2, \ldots$ と表します．このとき，$X(d_n)$ は n 番目にサービスを完了した客が退去した直後の系内客数です．簡単のために，時刻 0 ではシステムは空であったとします．$Y_0 = 0$ とし，

$$Y_n = X(d_n), \qquad n = 1, 2, \ldots,$$

により，確率過程 $\{Y_n; n = 0, 1, 2, \ldots\}$ を定義します．$\{Y_n\}$ は非負の整数を状態に取る確率過程です．

Y_n の状態変化について調べます．サービスの開始が重要であるので，n 番目の客のサービス開始時刻を b_n と表します．$d_n = b_n + S_n$ です．また，時刻 t までの累積到着客数を $N(t)$ で表します．ポアソン過程の条件から，$s < t < s' < t'$ に対して，$N(t) - N(s)$ と $N(t') - N(s')$ は独立であり，$N(t) - N(t)$ は平均 $\lambda(t - s)$ のポアソン分布に従います．

初めに $Y_n = 0$ とします．このとき，n 番目の客の退去直後にシステムは空になるので，Y_{n+1} は次に客が来てサービスを開始してから終了するまでに到着した客数です．よって，$M_n = N(b_n + S_n) - N(b_n)$ とおくと，

$$Y_{n+1} = M_n \tag{8.2.1}$$

です．$N(b_n + S_n) - N(b_n)$ は $N(S_n)$ と同じ分布に従うので，

$$\begin{aligned}\mathbb{P}(M_n = j) &= \mathbb{P}(N(S_n) = j) \\ &= \mathbb{E}\left(\frac{\lambda^j S_n^j}{j!} e^{-\lambda S_n}\right) = \frac{\lambda^j}{j!}\mathbb{E}\left(S^j e^{-\lambda S}\right), \qquad j = 0, 1, 2, \ldots,\end{aligned}$$

です．ここに，S_n の分布は F であり，n に依存しないので，S_n を S と表しました．

次に，$Y_n > 0$ とします．この場合の Y_{n+1} は n 番目の客がサービス中に到着した客数を Y_n に加え，退去による 1 を引いたものなので，

$$Y_{n+1} = Y_n + M_n - 1 \tag{8.2.2}$$

です．ここに，M_n は $Y_0, Y_1, \ldots, Y_n$ と独立であることに注意してください．

以上のことから，Y_{n+1} は Y_n の値がわかれば，n より前の時刻に依存しないこと，Y_n から Y_{n+1} への状態推移確率は離散時刻 n に依存しないことがわかりました．このような確率過程を離散時間マルコフ連鎖と呼びます．この場合の Y_n は一般にマルコフ連鎖とならない連続時間確率過程 $\{X(t)\}$ から，離散的な時刻を選んで作ったものであることから，隠れマルコフ連鎖という名前が付いています．

一夫：なるほど，うまくやられたという感じです．

美子：でも，推移確率は $M/M/1$ のときの推移率と比べずいぶん複雑そうです．役立つ結果が計算できるのでしょうか．

先生：一見難しそうですがうまくいくのです．初めに離散時間マルコフ過程について基本的なことをまとめておきましょう．

8.3　離散時間マルコフ連鎖

S が有限または可算無限集合であるとき，S に値を取る離散時間確率過程 $\{X_n; n = 0, 1, \ldots\}$ が条件：任意の $i, j \in S$ に対して，

$$\mathbb{P}(X_{n+1} = j | X_0, X_1, \ldots, X_{n-1}, X_n = i) = \mathbb{P}(X_{n+1} = j | X_n = i) \quad (8.3.1)$$

を満たすとき，離散時間マルコフ連鎖と呼びます．ここに，左辺の条件付き確率には確率変数が条件に入っています．更に，(8.3.1) の右辺が n に依存しない，すなわち，

$$p_{ij} = \mathbb{P}(X_{n+1} = j | X_n = i), \qquad i, j \in S,$$

と表すことができるとき，定常な推移をもつと言い，p_{ij} を推移確率と呼びます．この p_{ij} は，$S \times S$ の行列の ij-要素とみなせるので，$P = \{p_{ij}; i, j \in S\}$ を推移確率行列と呼びます．

S が整数全体であるとき，すなわち $S = \mathbb{Z}$ の場合の簡単な例を考えてみましょう．$U_1, U_2, \ldots$ は整数値を取る確率変数列であり，独立で同一の分布をもつとします．このとき，整数値の定数 i_0 に対して $X_0 = i_0$ とおき，

$$X_{n+1} = X_n + U_{n+1}, \qquad n = 0, 1, \ldots,$$

とすれば，$\{X_n; n = 0, 1, \ldots\}$ は定常な推移をもつ離散時間マルコフ連鎖です．この確率過程は各時刻で同じ分布に従うランダムな量が加わるのでランダムウォークと呼ばれています．このマルコフ連鎖の推移確率は

$$p_{ij} = \mathbb{P}(X_{n+1} = j | X_n = i) = \mathbb{P}(U = j - i), \qquad i, j \in \mathbb{Z},$$

です．ここに，U は U_{n+1} と同じ分布に従う確率変数です．この分布は $n+1$ に依存しないので，$n+1$ を省きました．

このランダムウォークと前節で述べた $M/G/1$ 型待ち行列の隠れマルコフ連鎖 $\{Y_n\}$ を比較してみましょう．すでに述べたように $\{Y_n\}$ は非負の整数値を値に取る離散時間マルコフ連鎖です．この場合の状態空間は $S = \{0, 1, 2, \ldots\}$ です．ここで，

$$c_j = \frac{\lambda^j}{j!} \mathbb{E}\left(S^j e^{-\lambda S}\right), \qquad j = 0, 1, \ldots$$

とおくと，(8.2.1) と (8.2.2) より，推移確率行列は

$$P = \begin{pmatrix} c_0 & c_1 & c_2 & c_3 & \ldots \\ c_0 & c_1 & c_2 & c_3 & \ldots \\ 0 & c_0 & c_1 & c_2 & \ldots \\ 0 & 0 & c_0 & c_1 & \ldots \\ \vdots & \vdots & \ddots & \ddots & \ddots \end{pmatrix}$$

と表すことができます．ここに，行と列は状態を $0, 1, 2, \ldots$ と並べたものです．

この推移行列から，$i \geq 1, j \geq 0$ ならば，$p_{ij} = c_{j-i+1}$ です．したがって，状態が $i \geq 1$ のときには，ランダムウォークと同じ形の推移確率をもちます．また，$i = 0$ のときには，次の状態が $j < 0$ となることはありません．これより，このマルコフ連鎖 $\{X_n\}$ は 0 に反射壁を持つランダムウォークと見なすことができます．

再び一般の連続時間マルコフ連鎖 $\{X(t)\}$ に戻ります．ここで問題です．単調増加な時刻の列 $\tau_0, \tau_1, \tau_2, \ldots$ を選び，

$$X_n = X(\tau_n), \qquad n = 0, 1, \ldots$$

とすれば，$\{X_n; n = 0, 1, \ldots\}$ は離散時間マルコフ連鎖になるでしょうか．

一夫：隠れマルコフ連鎖と同じですから，答えはイエスです．

美子：ちょっと待って．どうも離散的な時刻の列というのが怪しい感じがします．これらの時刻は確率変数でもよいのですか．

先生：$M/G/1$ 型待ち行列の隠れマルコフ連鎖のときに，サービスが完了するというランダムな点を選びました．したがって，確率変数です．

美子：確率変数であるとすると，τ_n の選び方によっては，その時刻よりも後に起こる事象に依存する可能性もあるわけよね．これでは，うかつにイエスとは言えません．

先生：よいところに気がつきました．τ_n には条件が必要です．説明しましょう．

$\{X_n\}$ がマルコフ連鎖となるためには，$\tau_n \le t$ ならば，τ_n の値は時刻 t までの履歴 $\{X(u); 0 \le u \le t\}$ によって決まる必要があります．そうでないとすると，$\{X(u); 0 \le u \le \tau_n\}$ が与えられた条件の下で $X_{n+1} = X(\tau_{n+1})$ の値が $X_n = X(\tau_n)$ だけでは決まらない可能性がでてきます．そこで，次の概念を定義します．

定義 8.3.1. 確率変数 τ が，任意の $t \in \mathbb{R}$ に対して，

$$\{\tau \le t\} \in \sigma(X(u); 0 \le u \le t) \tag{8.3.2}$$

を満たすとき，τ を確率過程 $\{X(t)\}$ に関する停止時刻と呼びます．ここに，$\sigma(X(u); 0 \le u \le t)$ は，すべての $u \in [0, t]$ とすべての $a \in \mathbb{R}$ に対して，事象 $\{X(u) \le a\}$ を含む標本空間 Ω 上の最小の σ-集合体です．

$\{X(t)\}$ が連続時間マルコフ過程であり，τ を停止時刻とします．なお，$X(t)$ は t について右連続であるとします．このとき，

$$\mathbb{P}(X(\tau + t) = j | X(u), 0 \le u < \tau, X(\tau) = i)$$

$$= \mathbb{P}(X(t) = j | X(0) = i), \qquad i, j \in S, \tag{8.3.3}$$

が成り立つことを証明できます．証明は複雑なので省きますが，興味のある人は参考文献 [1] を参照してください．したがって，$\tau_0, \tau_1, \ldots$ がすべて停止時刻のとき，$\{Y_n\}$ が離散時間マルコフ連鎖であることを確かめられます．

τ_n の例として，$\tau_0 = 0$ とし，

$$\tau_n = X(t) \text{ が } n \text{ 回目に変化した時刻}$$

とします．$\tau_n \le t$ であるかないかは，$\{X(u); 0 \le u \le t\}$ の観測からわかりますので，τ_n は $\{X(t)\}$ に関する停止時刻です．したがって，$X_n = X(\tau_n)$ により定義された $\{X_n\}$ は離散時間マルコフ連鎖です．

この 2 つのマルコフ連鎖の関係を調べてみましょう．連続時間マルコフ連鎖の生成作用素を $S \times S$ の行列 $\mathcal{A} = \{a_{ij}\}$ により表し，離散時間マルコフ連鎖 $\{X_n\}$ の推移確率行列を $P = \{p_{ij}\}$ により表します．また，時刻 t までの状態変化の総数を $J(t)$ とします．このとき，任意の有界な関数 f に対して，変化量の和を計算すると

$$f(X(t)) = f(X(0)) + \sum_{n=1}^{J(t)} (f(X_n) - f(X_{n-1}))$$

が得られます．$X(0) = i$ の下で条件付き期待値を取り，$t > 0$ を十分に小さくすると，2 つ以上の状態変化が起こることは t に比べて無視できるほど小さい，すなわち，$\mathbb{E}_i(J(t)1(J(t) \ge 2)) = o(t)$ であるので，

$$\begin{aligned} &\mathbb{E}_i(f(X(t)) - f(X(0))) \\ &\quad = \mathbb{E}_i((f(X_1) - f(X_0)) | J(t) = 1) \mathbb{P}_i(J(t) = 1) + o(t) \end{aligned} \tag{8.3.4}$$

です．また，状態 i の下で状態変化が起こる率を α_i とすれば，

$$\lim_{t \downarrow 0} \frac{1}{t} \mathbb{P}_i(J(t) = 1) = \alpha_i$$

です．これより，(8.3.4) の両辺を t で割って，$t \downarrow 0$ とすれば，

$$Af(i) = \alpha_i (Pf(i) - f(i))$$

が得られます．$j \in S$ に対して，$f(x) = 1(x = j)$ とおけば，この式は

$$a_{ij} = \alpha_i(p_{ij} - 1(j = i)) \tag{8.3.5}$$

となります．したがって，両辺を $j \neq i$ について加えると，$\sum_{j \neq i} p_{ij} = 1$ より，

$$\alpha_i = \sum_{j \neq i} a_{ij}$$

です．この式の右辺を a_i と表すと，$\alpha_i = a_i$ です．a_i を i 番目の対角要素にもつ対角行列を Δ_a と表すと，(8.3.5) の行列表現は

$$A = \Delta_a(P - I) \tag{8.3.6}$$

です．これより，$P = I - \Delta_a^{-1}A$ であり，推移確率 P が生成作用素 A から計算できます．

8.4　2つのマルコフ連鎖の関係

これまでは，連続時間マルコフ連鎖 $\{X(t)\}$ から離散時間マルコフ連鎖 $\{X_n\}$ を作りましたが，逆も可能です．このために，推移確率行列 P をもつ離散時間マルコフ連鎖 $\{X_n\}$ を先に与えます．この確率過程の各標本に対して，$X_n = i$ のときには，状態 i にいる時間が平均 $\dfrac{1}{a_i}$ の指数分布に従うように $X(t)$ の標本関数を作ります．このとき，$\{X(t)\}$ は連続時間マルコフ連鎖であり，その生成作用素を A とすると (8.3.6) が成り立ちます．このようにして，生成作用素 A をもつ連続時間マルコフ連鎖 $\{X(t)\}$ と推移確率行列 P をもつ離散時間マルコフ連鎖 $\{X_n\}$ が1対1に対応します．

この1対1の関係から，連続時間に関する結果の多くが離散時間に関する結果と互いに対応します．一般に離散時間の方が扱いやすいので，これは連続時間マルコフ連鎖について調べる上で大きなメリットです．

この関係を定常測度と定常分布の場合について説明します．前回説明した定常測度を思い出してください．$\boldsymbol{\nu} = \{\nu(j); j \in S\}$ が $\{X(t)\}$ の定常測度で

あるとは，$\boldsymbol{\nu} \neq \mathbf{0}$ かつ $\nu(j) \geq 0$ であり，

$$\sum_{i \in S} \nu(i) a_{ij} = 0, \qquad j \in S$$

を満たすことを言います．ベクトル・行列表現では $\boldsymbol{\nu} A = \mathbf{0}$ です．ここで，ギリシャ文字 η（エータ）を使って，

$$\eta(j) = a_j \nu(j), \qquad j \in S,$$

とおくと，j-要素が $\eta(j)$ であるベクトル $\boldsymbol{\eta}$ を定義すれば，$\boldsymbol{\nu} = \boldsymbol{\eta} \Delta_a$ です．したがって，(8.3.6) と $\boldsymbol{\nu}$ の定義より，

$$\boldsymbol{\eta}(P - I) = \boldsymbol{\nu} A = \mathbf{0}$$

です．すなわち，

$$\boldsymbol{\eta} = \boldsymbol{\eta} P$$

が成り立ちます．一般にこの式を満たす非負の $\mathbf{0}$ でない行ベクトル $\boldsymbol{\eta}$ を離散時間マルコフ連鎖 $\{X_n\}$ の定常測度と言います．また，$\boldsymbol{\eta}$ の要素の和が 1 の場合に定常分布または定常分布を表す行ベクトルと言います．

以上をまとめると，連続時間と離散時間の定常測度の存在は 1 対 1 に対応しています．しかし，$|\boldsymbol{\nu}| \equiv \sum_{j \in S} \nu(j)$ と $|\boldsymbol{\eta}| \equiv \sum_{j \in S} \eta(j) = \sum_{j \in S} a_j \nu(j)$ の有限性は同値ではありません．$|\boldsymbol{\nu}| < \infty$ の場合には

$$\boldsymbol{\nu} \equiv \frac{1}{|\boldsymbol{\nu}|} \boldsymbol{\nu}$$

により定常分布を表す行ベクトル $\boldsymbol{\nu}$ が得られました．同様に，$|\boldsymbol{\eta}| < \infty$ の場合には

$$\boldsymbol{\pi} \equiv \frac{1}{|\boldsymbol{\eta}|} \boldsymbol{\eta}$$

により定常分布を表す行ベクトル $\boldsymbol{\pi}$ が得られます．よって，$|\boldsymbol{\nu}| < \infty$ と $|\boldsymbol{\eta}| < \infty$ が同値である場合に限って，定常分布の存在も同値になります．例えば，$\{a_j; j \in S\}$ が有界ならば，この同値性が成り立ちます．

これまで，状態空間 S が有限または可算個の離散的な場合だけを述べてきましたが，これまで述べてきた結果多くのは，S がもっと一般的な場合の連続時間と離散時間マルコフ過程の場合にも拡張することができます，

一夫：先生，疲れてきました．何か具体例で締めくくっていただけないでしょうか．

先生：そうですね．一般的な話が続きました．最初の待ち行列の例に戻りましょう．

8.5　客はいついなくなるのか

$M/G/1$ 型待ち行列において，窓口が稼働する時間の長さについて調べてみましょう．窓口係がサービスを初めてからどれくらで客がいなくなるかという問題です．トラヒック密度 ρ は単位時間当たりに客のもたらす仕事量の平均ですので，システムが安定であるための条件として，$\rho < 1$ を仮定します．実際にこのときに限り，退去直後の系内客数を表す離散時間マルコフ連鎖 $\{Y_n\}$ は定常分布をもちます．

$\boldsymbol{\pi} = \{\pi(j); j \in S\}$ をこのマルコフ連鎖の定常分布とし，Y_0 がこの分布に従うとします．このとき，

$$
\begin{aligned}
\mathbb{P}(Y_1 = j) &= \sum_{i \in S} \mathbb{P}(Y_1 = j | Y_0 = i)\mathbb{P}(Y_0 = i) \\
&= \sum_{i \in S} \pi(i) p_{ij} = \pi(j)
\end{aligned}
$$

です．したがって，Y_1 も Y_0 と同じ分布に従います．同様にして，$n \geq 1$ に対して，Y_n も分布 $\boldsymbol{\pi}$ に従います．

$\pi(0)$ を (8.2.1) と (8.2.2) を使って計算しましょう．これらの式は，Z_n を n 番目の客がサービス中に到着した客数とすると，1つの式

$$
Y_{n+1} = Y_n - 1(Y_n > 0) + Z_n \tag{8.5.1}
$$

にまとめられます．Y_0 が定常分布 $\boldsymbol{\pi}$ に従うとします．$\mathbb{E}(Y_0)$ が有限であると仮定し，この式の両辺の期待値を取ると，

$$\mathbb{E}(Y_{n+1}) = \mathbb{E}(Y_n) - \mathbb{P}(Y_n > 0) + \mathbb{E}(Z_n)$$

です．定常分布の仮定から，$\mathbb{E}(Y_{n+1}) = \mathbb{E}(Y_n) = \mathbb{E}(Y_0)$ ですから，この式より，$\mathbb{P}(Y_n > 0) = \mathbb{E}(Z_n)$ が得られます．$\mathbb{E}(Z_n) = \mathbb{E}(N(S)) = \lambda\mathbb{E}(S) = \rho$ ですから，

$$\pi(0) = \mathbb{P}(Y_n = 0) = 1 - \mathbb{P}(Y_n > 0) = 1 - \rho$$

が示されました．なお，$\mathbb{E}(Y_0)$ が有限でない場合にもこの式を証明することができます．これは客の退去直後に窓口が空になる確率ですが，到着と退去の対応から，客の到着直前に窓口が空になる確率と一致します．これと 5 章で説明した PASTA によって，

$$（窓口が空である時間の割合） = \pi(0) = 1 - \rho \tag{8.5.2}$$

が成り立ちます．この結果は ρ が単位時間内に到着する平均総サービス要求量であることから，直感的にも説明できます．

ここで，問題の窓口が稼働する期間の長さを確率変数 B により表します．正確には，B は空のシステムに客が来てから，窓口が初めて空になるまでの時間です．稼働期間と窓口の空き時間は交互に繰り返し，その平均は，それぞれ，$\mathbb{E}(B)$ と $\dfrac{1}{\lambda}$ です．(8.5.2) より，これらの時間の割合が $\rho : (1-\rho)$ であるから，

$$\mathbb{E}(B) : \frac{1}{\lambda} = \rho : (1-\rho)$$

です．よって，$\rho = \lambda\mathbb{E}(S)$ の関係を使って，$\mathbb{E}(B)$ を求めると

$$\mathbb{E}(B) = \frac{\mathbb{E}(S)}{1-\rho} \tag{8.5.3}$$

が得られます．

次に，B の分散を求めます．この場合には，平均のときのように簡単ではありません．稼働期間 B の特徴をうまく表す必要があります．そこで，時間 B を最初にサービスを開始した客のサービス時間 S と，その後のサービ

ス期間に分解して表すことを考えます．後者は最初の客のサービス中に到着した客がそれぞれ B と同じ分布の稼働時間をもって来たと考えると，

$$B = S + \sum_{n=1}^{N(S)} B_n \tag{8.5.4}$$

と表すことができます．ここに，$N(S)$ は最初の客のサービス中に到着した客数です．また，$B_1, B_2, \ldots$ は S と独立であり，また互いに独立で B と同じ分布に従う確率変数の列です．

(8.5.4) 式の両辺の期待値を取れば，$\mathbb{E}(N(S)) = \lambda\mathbb{E}(S) = \rho$ を使って (8.5.3) が再び得られますが，すでに結果が得られていますので詳細は省きます．いよいよ，分散を求めるために，(8.5.4) の両辺を 2 乗して期待値を取ると，

$$\mathbb{E}(B^2) = \mathbb{E}(S^2) + 2\mathbb{E}\Big(S\sum_{n=1}^{N(S)} B_n\Big) + \mathbb{E}\Bigg(\Big(\sum_{n=1}^{N(S)} B_n\Big)^2\Bigg) \tag{8.5.5}$$

が得られます．ここで，$\mathbb{E}(SN(S)) = \lambda\mathbb{E}(S^2)$（演習問題 8.2(a)）より，

$$\mathbb{E}\Big(S\sum_{n=1}^{N(S)} B_n\Big) = \mathbb{E}(SN(S))\mathbb{E}(B) = \lambda\mathbb{E}(S^2)\mathbb{E}(B),$$

であり，$\mathbb{E}(N(S)(N(S)-1)) = \lambda^2\mathbb{E}(S^2)$（演習問題 8.2(b)）であるから，

$$\begin{aligned}\mathbb{E}\Bigg(\Big(\sum_{n=1}^{N(S)} B_n\Big)^2\Bigg) &= \mathbb{E}\Bigg(\sum_{n=1}^{N(S)} B_n^2\Bigg) + \mathbb{E}\Bigg(\sum_{n=1}^{N(S)}\sum_{k=1}^{N(S)} 1(n \neq k)B_n B_k\Bigg)\\ &= \mathbb{E}(N(S))\mathbb{E}(B^2) + \mathbb{E}(N(S)(N(S)-1))(\mathbb{E}(B))^2\\ &= \rho\mathbb{E}(B^2) + \lambda^2\mathbb{E}(S^2)(\mathbb{E}(B))^2\end{aligned}$$

です．これらを (8.5.5) へ代入し，(8.5.3) を使って $\mathbb{E}(B^2)$ を求めると，

$$\mathbb{E}(B^2) = \frac{1}{1-\rho}\Big(\mathbb{E}(S^2) + \frac{2\rho}{1-\rho}\mathbb{E}(S^2) + \rho^2\frac{\mathbb{E}(S^2)}{(1-\rho)^2}\Big)$$

$$= \frac{\mathbb{E}(S^2)}{(1-\rho)^3}$$

である．したがって，B の分散を $\mathrm{Var}(B)$，S の分散を $\mathrm{Var}(S)$ とすれば，

$$\begin{aligned}\mathrm{Var}(B) &= \mathbb{E}(B^2) - (\mathbb{E}(B))^2 \\ &= \frac{1}{(1-\rho)^3}\Big(\mathbb{E}(S^2) - (1-\rho)(\mathbb{E}(S))^2\Big) \\ &= \frac{1}{(1-\rho)^3}\Big(\mathrm{Var}(S) + \rho(\mathbb{E}(S))^2\Big)\end{aligned}$$

が得られます．これより，変動係数 $\delta(B) \equiv \dfrac{\sqrt{\mathrm{Var}(B)}}{\mathbb{E}(B)}$ を計算すると

$$\delta^2(B) = \frac{1}{1-\rho}\Big(\delta^2(S) + \rho\Big)$$

ですから，ρ が 1 に近づくと変動係数は急激に大きくなります．例えば，窓口が半分の時間ぐらい空いている $\rho = \dfrac{1}{2}$ の場合でさえ，$\delta^2(B) = 2\delta^2(S) + 1$ です．これが $\rho = 0.75$ では $\delta^2(B) = 4\delta^2(S) + 3$ であり，$\rho = 0.9$ では $\delta^2(B) = 10\delta^2(S) + 9$ です．一般に，変動係数の値が 1 を越えるとかなりランダムな状況を表しますので，稼働期間 B はとてもランダムであると言えます．また，ρ が一定ならば，稼働期間 B の変動係数はサービス時間の変動係数の 2 乗で増加することも大きな特徴です．

美子：ということは，窓口係が休める時間の割合 $1-\rho$ は一定であっても，サービス時間のランダムさが大きいと窓口係はいつ休めるか予測が付かないということでしょうか．

先生：そうですね．早く終わると期待しない方がいいですね．

一夫：先生の授業みたいです．

先生：今日はこれで終わりにします．離散時間マルコフ連鎖やマルコフ過程については面白いことがたくさんありますが，本講座も終わりに近づいてきましたので，次回はこれまでとは別の観点から確率過程を眺める予定です．

8.6 演習問題

8.1 $X_1, X_2, \ldots$ が独立な確率変数の列であり，各 X_n が同一の分布に従い，有限な期待値 $\mathbb{E}(X)$ をもつとし，τ を正の整数を値に取り有限な期待値 $\mathbb{E}(\tau)$ をもつ確率変数とする．このとき，

$$\mathbb{E}(X_1 + X_2 + \ldots + X_\tau) = \mathbb{E}(X)\mathbb{E}(\tau)$$

が成り立つことをつぎの条件の下で証明せよ．

(a) τ がすべての $X_1, X_2, \ldots$ と独立である．

(b) 各 $n \geq 1$ に対して，事象 $\{\tau \leq n\}$ が $X_{n+1}, X_{n+2}, \ldots$ と独立である．

8.2 次の式を証明せよ．

(a) $\mathbb{E}(SN(S)) = \lambda\mathbb{E}(S^2)$

(b) $\mathbb{E}(N(S)(N(S)-1)) = \lambda^2\mathbb{E}(S^2)$.

8.3 (8.5.1) を用いて，$\mathbb{E}(Y_0^2)$ が有限であると仮定して，定常分布に従う Y_0 の期待値を求めよ．

第9章

マルチンゲール：標本から期待値への橋渡し

6章で確率過程の時間的な変化をテスト関数を使って表し，発展方程式と呼びました．発展方程式には，標本ごとに成り立つ式と期待値を取った式の2種類があったことを思い出して下さい．これから，この2種類の式を1つにすることを考えます．

美子：先生，待って下さい．標本ごとの式と期待値の式を1つの式で表すというのは矛盾していませんか？

一夫：また何か企んでいるような気がするな．

先生：皆さんはいつも良い点をついてきますね．2種類の式を1つにという意味は，標本ごとに成り立つ式の中に期待値で成り立つ式を埋め込むことです．この埋め込みにいろいろな道具や装置を使います．説明するほど分かりにくくなるので簡単に言い切ってしまいました．

美子：先生，もういいです．ともかく始めて下さい．

9.1　フィルトレーション

初めに，状態空間 S をもつ確率過程 $\{X(t); t \geq 0\}$ の時刻 $t \geq 0$ までの履歴に関する事象を全て集めた Ω 上の σ-集合体を

$$\sigma(X(s); 0 \leq s \leq t)$$

により表したことを思い出して下さい．以後この σ-集合体を $\mathcal{F}_t(X)$ と表すことにします．しかし，過去の履歴には $X(t)$ 以外の要因もあるかもしれま

せん．確率空間 $(\Omega, \mathcal{F}, \mathbb{P})$ において，このような状況を一般的に表す事象の集合を各時刻 t に対して $\mathcal{F}_t$ とします．このとき，

(9a)　各 $t \geq 0$ に対して $\mathcal{F}_t$ は，$\mathcal{F}_t \subset \mathcal{F}$ かつ Ω 上の σ-集合体である，
(9b)　各 $0 \leq s < t$ に対して $\mathcal{F}_s \subset \mathcal{F}_t$，

を満たすならば，$\mathbb{F} \equiv \{\mathcal{F}_t; t \geq 0\}$ をフィルトレーションと呼びます．このフィルトレーションが，確率過程 $\{X(t); t \geq 0\}$ に対して，

(9c)　各 $t \geq 0$ に対して $\mathcal{F}_t(X) \equiv \sigma(X(s); 0 \leq s \leq t) \subset \mathcal{F}_t$

を満たすならば，$\{X(t); t \geq 0\}$ は $\mathbb{F}$ に適合すると言います．

美子：σ-集合体は情報を表すので，その要素が増えるほど多くの情報をもつことを思い出しました．情報は時間が経過するほど増えるので，フィルトレーションの条件は納得がいきます．しかし，このような一般的な定義が何か役立つことがあるのでしょうか．
一夫：同感です．集合の集合を使わない手はないのでしょうか．
先生：新しいものに不安や不信感をもつことはよく分かります．ここで，最初に複素数の話をしたことを思い出して下さい．集合を使って考えを進めることは新しい表現方法を使うことだと考えて下さい．
美子：うまい言い逃れのようにも聞こえますが，先を続けて下さい．

フィルトレーションの利点は，特定の確率過程に限定することなく，一般的に使える概念であることです．その代表が停止時刻です．状態空間 S をもつ連続時間マルコフ連鎖 $\{X(t); t \geq 0\}$ において，n 回目の状態変化がおこる時刻を τ_n としたとき，

$$\{\tau_n \leq t\} \in \mathcal{F}_t(X), \qquad \forall t \geq 0,$$

が成り立ち，τ_n を停止時刻と呼びました（定義 8.3.1）．7.6 節で述べた状態 $i \in S$ へ初めて到達するまでの時間 $\tau(i)$ も，同様な条件を満たすので停止時刻と呼ぶことができます．

そこで，一般のフィルトレーション $\mathbb{F} \equiv \{\mathcal{F}_t; t \geq 0\}$ に対して，非負の確率変数 τ が

$$\{\tau \le t\} \in \mathcal{F}_t, \qquad \forall t \ge 0, \tag{9.1.1}$$

を満たすならば，$\mathbb{F}$-停止時刻（略して停止時刻）と呼ぶことにします．

一夫：やはり具体的な例を聞かせて下さい．

先生：停止時刻は各時刻においてその時刻までの情報により値が決まるものですから，私達の日常的な判断をする時刻は停止時刻と言えます．例えば，ある銘柄について株式投資をしていて，売り買いを判断する時刻は停止時刻です．

美子：先生，この場合のフィルトレーションはどうなるのでしょう．私には漠然として分かりません．

先生：$\mathcal{F}_t$ は時刻 t までのその銘柄の株価，収益，経済状況などデータを集めたものです．でも，投資家はこの $\mathcal{F}_t$ の情報をすべて使っていないかもしれません．そこで，投資家が使う情報（例えば株価だけ）に限定した $\mathcal{F}_t$ にすることもできます．

美子：結構いい加減ですね．

先生：柔軟性があると言ってほしいですね．ともかく先に進みます．

確率過程 $\{X(t); t \ge 0\}$ がフィルトレーション $\mathbb{F}$ に適合し，その状態空間 S は距離空間でボレル集合体を $\mathcal{B}(S)$ が定義されているとします．このとき，停止時刻 τ におけるこの確率過程の状態 $X(\tau)$ は確率変数でしょうか．確率変数ならばその分布や期待値を考えられるのでこれはとても大事な問題です．しかし，答えは簡単ではありません．例えば，τ の取り得る値が可算である，例えば，有理数しか取らないとすると，非負の有理数の全体を $\mathbb{Q}_+$ とするとき，

$$\{X(q) \in B\} \cap \{\tau = q\} \in \mathcal{F}_q \subset \mathcal{F}, \qquad \forall q \in \mathbb{Q}_+, \forall B \in \mathcal{B}(S),$$

ですから，

$$\{X(\tau) \in B\} = \cup_{q \in \mathbb{Q}_+} (\{X(q) \in B\} \cap \{\tau = q\}) \in \mathcal{F}$$

です．したがって，$X(\tau)$ は確率変数です．しかし，τ の取り得る値が可算ではない場合にこの証明は使えません．どうすればよいでしょうか？

美子：答えは分かりませんが，いつもの後出しじゃんけんでしょうか．

先生：その通りです．うまくいくための条件を仮定します．

確率過程 $\{X(t); t \geq 0\}$ が次の条件を満たすと仮定します．

(9d)　各 $t \geq 0$ に対して $X(t)$ は右連続で左極限をもつ，すなわち，任意の標本 $\omega \in \Omega$ に対して，

$$\lim_{\epsilon \downarrow 0} X(t+\epsilon, \omega) = X(t, \omega), \qquad \lim_{\epsilon \downarrow 0} X(t-\epsilon, \omega) = X(t-, \omega) \tag{9.1.2}$$

がすべての $t \geq 0$ に対して成り立つ．ここに，$X(t-, \omega)$ はこの極限で定義されたものです．

なお，(9.1.2) を ω を省いて，

$$\lim_{\epsilon \downarrow 0} X(t+\epsilon) = X(t), \qquad \lim_{\epsilon \downarrow 0} X(t-\epsilon) = X(t-)$$

と表します．条件 (9d) は，標本関数 $X(t)$ の不連続点が離散的で，不連続点を除いて連続であり，不連続点での状態が右または左極限に一致するならば大きな不都合はありません．すなわち，標本関数を (9.1.2) を満たすように再定義すればよいのです．これで，$X(\tau)$ が確率変数であることを確かめる準備が整いました．

補題 9.1.1. 条件 (9d) を満たす確率過程 $\{X(t); t \geq 0\}$ がフィルトレーション $\mathbb{F} \equiv \{\mathcal{F}_t; t \geq 0\}$ に適合し，τ が停止時刻ならば，$X(\tau)$ は確率変数である．

証明 各正の整数 n と $k \geq 0$ に対して，$(k-1)2^{-n} < \tau(\omega) \leq k2^{-n}$ ならば，$\tau^{(n)}(\omega) = k2^{-n}$ とすることにより，確率変数 $\tau^{(n)}$ を定義する．このとき，$k2^{-n} \leq t$ に対して，

$$\left\{\tau^{(n)} = k2^{-n}\right\} = \left\{\tau \leq k2^{-n}\right\} \setminus \left\{\tau(k-1)2^{-n}\right\} \in \mathcal{F}_{k2^{-n}} \in \mathcal{F}_t$$

であるから，

$$\{\tau^{(n)} \leq t\} = \cup_{k=0}^{\infty} \left\{\tau^{(n)} = k2^{-n} \leq t\right\} \in \mathcal{F}_t$$

です．よって，$\tau^{(n)}$ は停止時刻です．$\tau^{(n)}$ は離散的な値のみを取るので，先に確認したことから，$X(\tau^{(n)})$ は確率変数です．定義より，各標本ごとに，$n \to \infty$ のとき，$\tau^{(n)}$ は減少して τ に収束します．したがって，条件 (9d) より $X(t)$ は右連続なので，

$$\lim_{n\to\infty} X(\tau^{(n)}) = X(\tau)$$

が成り立ちます．確率変数列が収束するとき極限も確率変数である（演習問題 9.1）から補題が証明された． ∎

美子：簡単に見えそうでも確認することは大変ですね．
一夫：確認が大事なことは分かりますが，先が見えないのはつらいです．
先生：今はこれから考える問題のための装置を準備しているところです．どんな問題なのか少し説明しましょう．

ここまで，$\{X(t); t \geq 0\}$ の状態空間 S は一般的な距離空間としてきましたが，テスト関数 f を使えば，実数を状態空間とする確率過程 $\{f(X(t)); t \geq 0\}$ へ変換することができました．以後簡単化のために，これからは，$S = \mathbb{R}$，すなわち，$X(t)$ も実数値を取るとします．

この確率過程の時刻 t での状態 $X(t)$（または，$f(X(t))$）を過去の履歴（データ）から予測可能な部分 $Y(t)$ と予測できないランダムな部分 $M(t)$ に分けることを考えます．すなわち，

$$X(t) = Y(t) + M(t), \qquad t \geq 0, \tag{9.1.3}$$

と分解します．これができれば，観測したデータからその特徴を抽出したり，今後の予測に役立つはずです．ここで，$Y(t)$ の条件を明確にするために，$\mathcal{F}_{t-}$ を

$$\mathcal{F}_{t-} = \sigma(\cup_{s<t}\mathcal{F}_s), \qquad t > 0,$$

により定義します．ここに，$\sigma(\mathcal{A})$ は事象の集合 $\mathcal{A}$ を含む Ω 上の最小の σ-集合体です．定義から，$\mathcal{F}_{t-} \subset \mathcal{F}_t$ であり，$\mathcal{F}_{t-}$ は時刻 t で直前までに利用できる予測可能な情報を表します．この定義を使い，$Y(t)$ は $\mathcal{F}_{t-}$ 可測な確率

変数とします．すなわち，任意の $x \in \mathbb{R}$ に対して，$\{Y(t) \leq x\} \in \mathcal{F}_{t-}$ です．したがって，$\{Y(s); 0 \leq s \leq t\}$ は $\mathcal{F}_{t-}$ 可測です．この可測性をもつ確率過程 $\{Y(t); t \geq 0\}$ を予測可能であると言います．このとき，$X(t)$ は $\mathcal{F}_t$ 可測ですから，$M(t) = X(t) - Y(t)$ も $\mathcal{F}_t$ 可測です．

美子：(9.1.3) の意味は分かります．でも、説明が理屈っぽいですね．

一夫：確率変数が可測という意味がまだよく分らないので，難しい！ここも，具体的な例がほしいです．

先生：もうすぐ具体的な例を話しますので，少しがまんして下さい．

9.2　マルチンゲール

前節で述べた予測できないランダムな部分 $M(t)$ を取り出すために，次の定義を行います．

定義 9.2.1. 実数値をとる確率過程 $\{M(t); t \geq 0\}$ が，フィルトレーション $\mathbb{F} \equiv \{\mathcal{F}_t; t \geq 0\}$ に適合し，各 $t \geq 0$ に対して $\mathbb{E}(|M(t)|) < \infty$ であり，

$$\mathbb{E}(M(t)|\mathcal{F}_s) = M(s), \qquad \forall s < t, \tag{9.2.1}$$

を満たすならば，$\{M(t); t \geq 0\}$ を $\mathbb{F}$-マルチンゲールと呼ぶ．フィルトレーション $\mathbb{F}$ が自明である場合には単にマルチンゲールと呼ぶ．

$\{M(t); t \geq 0\}$ が $\mathbb{F}$-マルチンゲールならば，(9.2.1) より，

$$\mathbb{E}((M(t) - M(s))|\mathcal{F}_s) = 0, \qquad \forall s < t, \tag{9.2.2}$$

です．これは $M(t)$ の変化量の期待値は過去の経緯に関係なく 0 であることを表しています．これより，マルチンゲール $M(t)$ を偏りのないランダムな量とみなすことができます．

ここで，6.1 節で独立かつ定常な変分をもつ確率過程（レビー過程と呼んだ）について説明したことを思い出して下さい．$\{X(t); t \geq 0\}$ を各時刻で有限な期待値をもつレビー過程とします．このとき，

$$\Lambda(t) = \mathbb{E}(X(t)), \qquad t \geq 0,$$

とおきます．6.1 節にある定常変分の仮定 (ii) から，

$$\Lambda(t) - \Lambda(s) = \Lambda(t-s), \qquad 0 \le s < t$$

が成り立ちます．$\Lambda(t)$ は確率変数ではなく実数です．ここで，$M(t)$ を

$$M(t) = X(t) - \Lambda(t), \qquad t \ge 0,$$

により定義します．$X(t)$ は各時刻で独立な変化量をもつことから，

$$\begin{aligned}\mathbb{E}((M(t) - M(s))|\mathcal{F}_s) &= \mathbb{E}((X(t) - X(s))|\mathcal{F}_s) - (\Lambda(t) - \Lambda(s)) \\ &= \mathbb{E}(X(t) - X(s)) - (\Lambda(t) - \Lambda(s)) = 0\end{aligned}$$

となり，(9.2.2) が得られます．したがって，$\{M(t); t \ge 0\}$ は $\mathbb{F}$-マルチンゲールです．ここで，$\Lambda(t)$ は実数ですから，どんな σ-集合体に対しても可測であり，特に $\mathcal{F}_{t-}$ 可測です．したがって，$Y(t) = \Lambda(t)$ とすれば，前節の分解式 (9.1.3)，すなわち，

$$X(t) = Y(t) + M(t), \qquad t \ge 0, \tag{9.2.3}$$

が得られました．一般に，$X(t)$ が予測可能で有界変動をもつ $Y(t)$ とマルチンゲール $M(t)$ の和 (9.2.3) として表されるとき，$X(t)$ をセミマルチンゲールと呼びます．ここに，$\{Y(u); u \in [0,t]\}$ の有界変動とは，区間 $[0,t]$ の任意の有限分割 $0 \le u_0 < u_1 < \ldots < u_n$ に対する $\sum_{\ell=1}^{n} |Y(u_\ell) - Y(u_{\ell-1})|$ の上限です．例えば，$Y(t)$ が各標本ごとに区間 $[0,t]$ 上の積分で表されるならば，有界変動です．これまで述べてきた確率過程は，すべてセミマルチンゲールであることを示すことができます．

一般のセミマルチンゲール (9.2.3) に対して，$M(0) =$ 一定 ならば $Y(t)$ と $M(t)$ は確率 1 で唯 1 つ決まります．更に，$\mathbb{E}(X^2(t))$ が有限ならば，$X(t)$ の時刻 t 直前での予測値を $\widetilde{Y}$ とするとき，誤差 $\mathbb{E}((X(t) - \widetilde{Y})^2)$ を最小とする $\widetilde{Y}$ は確率 1 で $\mathbb{E}(X(t)|\mathcal{F}_{t-})$ に一致することが証明できます．従って，$M(t) - M(t-)$ は最小 2 乗予測をしたときの誤差を表しています．

美子：マルチンゲールの定義の意味がよく分かりませんでしたが，最小 2 乗予測の誤差であるというのはとても分かりやすいです．唯一性も含め証明は難しいのでしょうか？

先生：難しくはありませんが，可測性についての少し深い理解が必要です．唯一性については，離散時間の場合の証明が簡単ですので演習問題とします．

レビー過程の場合のマルチンゲールは，(9.2.2) が成り立つだけでなく，$M(t)-M(s)$ が $\mathcal{F}_s$ と独立です．ここに，確率変数 X が σ-集合体 $\mathcal{G}$ と独立であるとは，任意の $x\in\mathbb{R}$ と $A\in\mathcal{G}$ に対して，事象 $\{X\le x\}$ と A が独立であることにより定義します．このような独立性をもつマルチンゲールを純粋な雑音（white noise）と呼びます．

一夫：レビー過程の例にポアソン過程とブラウン運動があったように憶えていますが，これらの場合マルチンゲールは具体的に求められますか？
先生：演習問題にするつもりでしたが，答えましょう．

$\{N(t);t\ge 0\}$ を率 λ をもつポアソン過程とします．このとき，

$$\Lambda(t)=\mathbb{E}(N(t))=\lambda t$$

ですから，

$$M(t)=N(t)-\Lambda(t)=N(t)-\lambda t$$

です．ブラウン運動についてはこれまで，簡単にしか触れてきませんでした．この際少し詳しい話をしておきましょう．

9.3　ブラウン運動の定義

6.1 節で簡単に話したブラウン運動を次のように定義します．

定義 9.3.1. 確率過程 $\{B(t);t\ge 0\}$ が独立で定常な変分（6.1 節の条件 (i) と (ii)）をもち，$\mathbb{P}(B(0)=0)=1$ であり，$B(1)$ が正規分布に従い，その標本路が時間の関数として連続ならば，ブラウン運動と呼ぶ．特に，$B(1)$ が標準席分布に従うならば，標準ブラウン運動と呼ぶ．

この定義は条件を満たすブラウン運動 $\{B(t);t\ge 0\}$ の存在については何も述べていません．したがって，存在の証明がないと使うことができませ

ん．実際に適切な確率空間を用いて証明できるのですが，難しいので本講座では省きます（[8] に 3 通りの証明があります）．ここでは，定義から導かれる簡単な結果を証明します．初めに，演習問題 6.1(a) より，平均が m，分散が σ^2 の正規分布の密度関数を $f_{m,\sigma}$ とすると，

$$f_{m,\sigma}(x) = \frac{1}{\sqrt{2\pi}\sigma} e^{-\frac{1}{2\sigma^2}(x-m)^2}, \qquad x \in \mathbb{R},$$

であることを確認して下さい．

補題 9.3.1. $\{B(t); t \geq 0\}$ が標準ブラウン運動ならば，$t > 0$ に対して $B(t)$ は平均 0 分散 $\sqrt{t}$ の正規分布に従う．すなわち，

$$\mathbb{P}(B(t) \leq x) = \int_{-\infty}^{x} \frac{1}{\sqrt{2\pi t}} e^{-\frac{1}{2}u^2/t} du, \qquad x \in \mathbb{R}, \tag{9.3.1}$$

が成り立つ．

証明 $B(t)$ の特性関数を $\varphi_t(\theta)$ とします．すなわち，$\varphi_t(\theta) = \mathbb{E}(e^{\imath\theta B(t)})$ です．$s, t > 0$ に対して，$B(s)$ と $B(t+s) - B(s)$ は独立ですから，$e^{\imath B(s)}$ と $e^{\imath(B(t+s)-B(s))}$ も独立です．したがって，

$$\begin{aligned}
\varphi_{s+t}(\theta) &= \mathbb{E}(e^{\imath\theta(B(s)+B(t+s)-B(s))}) \\
&= \mathbb{E}(e^{\imath\theta} B(s))\mathbb{E}(e^{\imath\theta(B(t+s)-B(s))}) \\
&= \mathbb{E}(e^{\imath\theta B(s)})\mathbb{E}(e^{\imath\theta B(t)}) = \varphi_s(\theta)\varphi_t(\theta)
\end{aligned}$$

です．この式を s, t を変数とする関数の方程式と見ると，4 章の (4.4.1) と同じ形をしていることが分かります．したがって，関数 $a(\theta) = \log \varphi_1(\theta)$ に対して，(4.4.6) と同様にして，$\varphi_t(\theta) = e^{a(\theta)t}$ が得られます．ここで，$B(1)$ が標準正規分布に従うことから，6 章で求めた $B(1)$ の特性関数の式 (6.4.8) より，

$$a(\theta) = \log \varphi_1(\theta) = \log e^{-\frac{1}{2}\theta^2} = -\frac{1}{2}\theta^2$$

です．以上のことから，

$$\varphi_t(\theta) = e^{-\frac{1}{2}\theta^2 t}$$

が求まりました．一方，平均0分散$\sqrt{t}$の正規分布の密度関数は

$$f_{0,\sqrt{t}}(x) = \frac{1}{\sqrt{2\pi t}} e^{-\frac{1}{2}x^2/t}$$

ですから，その特性関数を計算すると

$$\begin{aligned}\int_{-\infty} \cos(\theta x) f_t(x)dx + \imath \int_{-\infty} \sin(\theta x) f_{0,\sqrt{t}}(x)dx \\ = \int_{-\infty} \cos(\theta\sqrt{t}y) f_{0,1}(y)dy + \imath \int_{-\infty} \sin(\theta\sqrt{t}y) f_{0,1}(y)dy \\ = \varphi_1(\theta\sqrt{t}) = e^{-\frac{1}{2}\theta^2 t} = \varphi_t(\theta)\end{aligned}$$

となります．ここに，最初の等号は$y = x/\sqrt{t}$と変数変換し，$dx = \sqrt{t}dy$を使いました．この結果と特性関数により分布が唯1つ決まることから，$f_{0,\sqrt{t}}(x)$は$B(t)$の密度関数です．したがって，(9.3.1) が得られました．■

ここでブラウン運動$\{B(t); t \geq 0\}$のセミマルチンゲール表現$B(t) = \Lambda(t) + M(t)$に戻ります．この場合には，$B(t)$の平均は0ですから，

$$\Lambda(t) = \mathbb{E}(B(t)) = 0$$

です．したがって，$M(t) = B(t)$です．すなわち，ブラウン運動はマルチンゲールです．

一夫：余りに簡単な結果に拍子抜けです．

美子：私は$N(t)$が単純計数過程のとき，$N(t) - \lambda t$がマルチンゲールならばポアソン過程になるか考えてしまいました．同じように，連続な標本路をもつ$B(t)$がマルチンゲールならばブラウン運動になるのでしょうか？でも，マルチンゲールは独立変分について平均以外の情報がありません．これらが本当に成り立つとすると不思議な感じがします．

先生：とても良い質問です．答えはどちらも成り立つです．しかし，証明は簡単ではありません．

一夫：2人で先へ行かないでください．ポアソン過程やブラウン運動だけのためにマルチンゲールを定義したとすると，理論のための理論のように思えてきました．ちょっと勉強する気力が失せてきました．

先生：ポアソン過程とブラウン運動にこだわりすぎたかもしれません．もちろん，マルチンゲールはこれらだけではありません．しかし，どんな確率過程もある意味でポアソン過程とブラウン運動から作れます．したがって，これらのマルチンゲールが重要であることも確かです．

美子：先生は，また希有壮大なことを言って煙に巻いています．いいです，続けて下さい．

9.4　マルチンゲールと停止時刻

これから $\{M(t); t \geq 0\}$ は右連続な標本路をもつ $\mathbb{F}$-マルチンゲールであるとします．$\eta < \tau$ を満たす η, τ が $\mathbb{F}$-停止時刻であるとき，$M(\tau)$ の期待値はどうなるでしょうか？また，$M(\eta)$ を与えた下での $M(\tau)$ の条件付き期待値はどうなるでしょうか？これらの問題に答えるために，ランダムな時刻 τ までの経過を表す σ 集合体 $\mathcal{F}_\tau$ を次のように定義します．

$$\mathcal{F}_\tau = \{A \in \mathcal{F}; A \cap \{\tau \leq t\} \in \mathcal{F}_t, \forall t \geq 0\}$$

$M(\tau)$ が $\mathcal{F}_\tau$ 可測である, すなわち, 任意の $x \in \mathbb{R}$ に対して $\{M(\tau) \leq x\} \in \mathcal{F}_\tau$ を確かめて見ましょう．このため，補題 9.1.1 で使った τ を上から近似する $\tau^{(n)}$ を使います．

$$\{M(\tau^{(n)}) \leq x\} \cap \{\tau^{(n)} \leq t\} = \cup_{k=0}^{\infty}\{M(k2^{-n}), \tau^{(n)} = k2^{-n} \leq t\} \in \mathcal{F}_t$$

が任意の $n \geq 1$ に対して成り立ちます．$\tau^{(n)} \downarrow \tau$ ですから，$M(t)$ が右連続であることより，

$$\lim_{n\to\infty} M(\tau^{(n)}) = M(\tau), \qquad \lim_{n\to\infty}\{\tau^{(n)} \leq t\} = \{\tau \leq t\},$$

です．ここで，2 番目の式は集合の収束を表しています．この収束は，$\tau \leq \tau^{(n)}$ より

$$\{\tau \leq t\} \subset \cap_{n=1}^{\infty}\{\tau^{(n)} \leq t\} = \lim_{n\to\infty}\{\tau^{(n)} \leq t\}$$

ですから，任意の $\omega \in \Omega$ と任意の $n \geq 1$ に対して，$\tau^{(n)}(\omega) \leq t$ ならば，$\tau(\omega) \leq t$ を示せば十分です．$n \to \infty$ のとき $\tau^{(n)}(\omega) \to \tau(\omega)$ ですからこれ

が成り立つことは明らかです．したがって，$M(\tau)$ は $\mathcal{F}_\tau$ 可測であることが証明されました．従って，$\mathbb{E}(M(\tau))$ について論じることができます．結果は次の通りです．

補題 9.4.1. $\{M(t); t \geq 0\}$ は右連続な標本路をもつ $\mathbb{F}$-マルチンゲールであるとする．η と τ が有界な $\mathbb{F}$-停止時刻であり $\eta \leq \tau$ ならば，

$$\mathbb{E}(M(\tau)|\mathcal{F}_\eta) = M(\eta) \tag{9.4.1}$$

が確率 *1* で成り立つ．特に $\mathbb{E}(M(\tau)) = \mathbb{E}(M(0))$ である．

この補題の条件に「停止時刻が有界」があることに注意して下さい．この条件が無いと $\mathbb{E}(M(\tau))$ が発散する可能性があり，(9.4.1) が成立しないことがあります．補題の証明は省きますが，その概略を説明します．η と τ が定数 s, t に等しいならば，(9.4.1) はマルチンゲールの定義式 (9.2.1) であり，

$$\mathbb{E}(M(t)1_A) = \mathbb{E}(M(s)1_A), \qquad A \in \mathcal{F}_s,$$

に同値です．同様に (9.4.1) は，

$$\mathbb{E}(M(\tau)1_A) = \mathbb{E}(M(\eta)1_A), \qquad A \in \mathcal{F}_\eta,$$

と同値です．したがって，η と τ を離散的な値のみをとる停止時刻 $\eta^{(n)}$ と $\tau^{(n)}$ で近似すれば，これまでと同様な方法でこの補題を証明できます．

一夫：先生，まだ続けたいようですが，抽象的な話が続き疲れてきました．
美子：(9.4.1) は面白そうな結果ですが，身近なことで説明きないでしょうか．私も数学に疲れてきました．
先生：そうですね．マルチンゲールと賭の話をしましょう．

$M(t)$ を賭け事をしているときの時刻 t での手持ち金とし，$M(0) > 0$ とします．このとき，$\{M(t); t \geq 0\}$ がマルチンゲールならば，(9.2.1) より $\mathbb{E}(M(t)) = \mathbb{E}(M(0))$ ですからこの賭は公平であると言えます．例えば，コインを投げて表ならば 1 万円もらい，裏ならば 1 万円支払う賭はこの意味の公平な賭です（ただしこの場合は離散時刻です）．このような公平な賭にお

いて，手持ち金を最大にする方策を考えます．このために，最初の手持ち金の倍になった時刻を τ とします．τ は過去の経緯を見て決められるので停止時刻です．このとき，$X(\tau) = 2X(0)$ ですから，時刻 τ で賭を止めれば手持ち金が2倍になります．しかし，τ が有界であるとすると，補題 9.4.1 より，$\mathbb{E}(X(\tau)) = \mathbb{E}(X(0))$ ですから，矛盾です．したがって，τ は有界でない，すなわち，マルチンゲール条件を満たす公平な賭ではどんな方策をとっても決められた時間内に手持ち金を倍増させることはできません．

一夫：最初の頃の宝くじを買うなら1枚という話を思い出しました．

美子：マルチンゲール条件を満たす賭というのが味噌であるように思います．儲けようと思うならば，マルチンゲール条件を満たさない賭に参加することでしょうか．

先生：賭の話で元気になったようですね．数学に戻る前に公平でない賭について補足させて下さい．

マルチンゲールの定義において，(9.2.1) を

$$\mathbb{E}(M(t)|\mathcal{F}_s) \geq M(s), \qquad \forall s < t, \tag{9.4.2}$$

に置き換えた場合，$\{M(t); t \geq 0\}$ を劣マルチンゲール呼びます．時間がたつほど儲かる賭になります．これに対して，

$$\mathbb{E}(M(t)|\mathcal{F}_s) \leq M(s), \qquad \forall s < t, \tag{9.4.3}$$

に置き換えた場合，優マルチンゲール呼びます．時間がたつほど損する賭です．このようにマルチンゲールの定義を緩めると適用範囲が拡がります．一方，基本的な特性がマルチンゲールの場合と同様に成り立つことも多く，役立つ拡張です．

9.5 発展方程式とマルチンゲール

これから確率過程 $\{X(t); t \geq 0\}$ の発展方程式を1つの式で表す問題に取りかかります．初めに，6章において，$X(t)$ は実数値を取り，不連続点に関する条件 (6a)，微分に関する条件 (6b)，$X(t)$ の微係数に関する条件 (6c)

を満たすと仮定しました．本節でも同じ仮定をします．また，フィルトレーション $\mathbb{F} \equiv \{\mathcal{F}_t; t \geq 0\}$ として，

$$\mathcal{F}_t = \sigma(X(s); 0 \leq s \leq t), \qquad t \geq 0,$$

を使います．またテスト関数として微分係数が連続かつ有界な関数 $f \in C_b^{1c}(\mathbb{R})$ を使います．6章の発展方程式は，標本ごとの場合 (6.4.3) と期待値を取って得られる場合 (6.6.5) があったことを思い出して下さい．

先生：確率や期待値を求めるためには，期待値型の発展方程式 (6.6.5) を出発点とするのが自然ですが，標本ごとの発展方程式 (6.4.3) にも優れた所があります．例えば，観測データを直接使える所です．そこでこの2つの式を1つにまとめることが目標です．いい案がありますか？

美子：標本ごとの発展方程式に 9.2 節で説明があったセミマルチンゲール表現を適用するのはどうでしょうか．

一夫：いい案だと思いますが，絵に描いた餅のような気もします．

先生：2人ともすばらしい．これから餅を描いていきましょう．

出発点は (6.4.3) です．$\mathcal{H}f(x) = h(x)f'(x)$ により，変数 $f \in C_b^{c1}(\mathbb{R})$ と $x \in \mathbb{R}$ に対して値 $h(x)f'(x)$ を返す関数 $\mathcal{H}$ を定義します．このとき，(6.4.3) は，

$$f(X(t)) - f(X(0)) = \int_0^t \mathcal{H}f(X(u))du + \sum_{i=1}^{N(t)} \Delta f(X(t_i)) \tag{9.5.1}$$

となります．$\mathcal{H}f(x)$ は $x \in \mathbb{R}$ の連続関数あり，$X(u)$ の不連続点は離散的ですから，積分の項は予測可能とみなすことができます．したがって，残された不連続点での変化量の和の項をセミマルチンゲール表現すればよいことが分かります．そこで，和の項を次のように変形します．

$$\sum_{i=1}^{N(t)} \Delta f(X(t_i)) = \sum_{i=1}^{\infty} [f(X(t_i)) - f(X(t_i-))]1(t_i \leq t)$$

$$= \sum_{i=1}^{\infty} [\mathbb{E}(f(X(t_i))|\mathcal{F}_{t_i-}) - f(X(t_i-))$$

$$+ f(X(t_i)) - \mathbb{E}(f(X(t_i))|\mathcal{F}_{t_i-})]1(t_i \le t)$$

$$= \sum_{i=1}^{\infty}[\mathbb{E}(\Delta f(X(t_i))|\mathcal{F}_{t_i-}) + f(X(t_i)) - \mathbb{E}(f(X(t_i))|\mathcal{F}_{t_i-})]1(t_i \le t),$$

ここで，一般の $\mathbb{F}$-停止時刻 τ に対して，$\mathcal{F}_0$ とすべての $s > 0$ について $\{A \cap \{s < \tau\}; A \in \mathcal{F}_s\}$ を含む最小の Ω 上の σ 集合体を

$$\mathcal{F}_{\tau-} \equiv \sigma(\mathcal{F}_0, \{A \cap \{s < \tau\}; s > 0, A \in \mathcal{F}_s\})$$

により定義します．このとき，$s \ge 0$ に対して $\{s < \tau\} = \Omega \setminus \{\tau \le s\} \in \mathcal{F}_s$ ですから，定義において，$A = \{s < \tau\}$ とすれば，$\{s < \tau\} \in \mathcal{F}_{\tau-}$ です．$\mathcal{F}_{\tau-}$ は Ω 上の σ-集合体ですから，$\{\tau \le s\} = \Omega \setminus \{s < \tau\} \in \mathcal{F}_{\tau-}$ が成り立ちます．すなわち，次の結果が成り立ちます．

補題 9.5.1. τ が $\mathbb{F}$-停止時刻ならば，τ は $\mathcal{F}_{\tau-}$-可測である．

注 9.5.1. 各 $t \ge 0$ に対して $\{\tau \le t\} \in \mathcal{F}_{\tau-}$ ですが，$\{\tau \le t\} \in \mathcal{F}_{t-}$ は必ずしも成り立ちません．要注意です．

ここで，元の問題に戻ります．t_i は $\mathbb{F}$-停止時刻ですから，補題 9.5.1 より t_i は $\mathcal{F}_{t_i-}$-可測です．したがって，$M(t)$ を

$$M(t) = \sum_{i=1}^{\infty}[f(X(t_i)) - \mathbb{E}(f(X(t_i))|\mathcal{F}_{t_i-})]1(t_i \le t) \tag{9.5.2}$$

により定義すると，

$$M(t) = \sum_{i=1}^{\infty}[f(X(t_i))1(t_i \le t) - \mathbb{E}(f(X(t_i))1(t_i \le t)|\mathcal{F}_{t_i-})]$$

が成り立ちます．よって，$0 \le s < t$ を満たす実数 s, t に対して，

$$\mathbb{E}(M(t)|\mathcal{F}_s) = M(s)$$

$$+ \sum_{i=1}^{\infty}\mathbb{E}\big([f(X(t_i))1(t_i \le t) - \mathbb{E}(f(X(t_i))1(t_i \le t)|\mathcal{F}_{t_i-})]1(s < t_i)\big|\mathcal{F}_s\big)$$

です．ここで，$A \in \mathcal{F}_s$ に対して，$\{s < t_i\} \cap A \in \mathcal{F}_{t_i-}$ であるから，

$$
\begin{aligned}
&\mathbb{E}\big[\mathbb{E}\big(\mathbb{E}(f(X(t_i))1(t_i \le t)|\mathcal{F}_{t_i-})1(s < t_i)\big|\mathcal{F}_s\big)1_A\big] \\
&\qquad\qquad = \mathbb{E}\big[\mathbb{E}(f(X(t_i))1(t_i \le t)|\mathcal{F}_{t_i-})1(s < t_i)1_A\big] \\
&\qquad\qquad = \mathbb{E}\big[f(X(t_i))1(t_i \le t)1(s < t_i)1_A\big]
\end{aligned}
$$

です．従って，条件付き期待値の定義より，

$$
\mathbb{E}\big(\mathbb{E}(f(X(t_i))1(t_i \le t)|\mathcal{F}_{t_i-})1(s < t_i)\big|\mathcal{F}_s\big) = \mathbb{E}\big(f(X(t_i))1(s < t_i \le t)\big|\mathcal{F}_s\big)
$$

です．以上より，$\mathbb{E}(M(t)|\mathcal{F}_s) = M(s)$ が得られ，$M(t)$ が $\mathbb{F}$-マルチンゲールであることが証明されました．$M(t)$ の定義式と (9.5.1) より

$$
\begin{aligned}
&f(X(t)) - f(X(0)) \\
&\qquad = \int_0^t \mathcal{H}(X(u))du + \sum_{i=1}^{N(t)} \mathbb{E}(\Delta f(X(t_i))|\mathcal{F}_{t_i-}) + M(t). \qquad (9.5.3)
\end{aligned}
$$

が得られました．したがって，

$$
Y(t) = f(X(0)) + \int_0^t \mathcal{H}(X(u))du + \sum_{i=1}^{N(t)} \mathbb{E}(\Delta f(X(t_i))|\mathcal{F}_{t_i-})
$$

と置くならば，補題 9.5.1 より t_i が $\mathcal{F}_{t_i-}$ 可測であることから，

$$
\sum_{i=1}^{N(t)} \mathbb{E}(\Delta f(X(t_i))|\mathcal{F}_{t_i-}) = \sum_{i=1}^{\infty} \mathbb{E}(\Delta f(X(t_i))|\mathcal{F}_{t_i-})1(t_i \le t)
$$

は $\mathcal{F}_{t-}$ 可測であり，$Y(t)$ は予測可能です．よって，セミマルチンゲール表現，

$$
f(X(t)) = Y(t) + M(t)
$$

が得られます．したがって，(9.5.3) は求めるセミマルチンゲールです．

(9.5.3) を応用する際に，不連続点での変化量の和の項:

$$
\sum_{i=1}^{N(t)} \mathbb{E}(\Delta f(X(t_i))|\mathcal{F}_{t_i-})
$$

は一般に計算が困難です．そこで，この項が0となるようにテスト関数を選べるならば，発展方程式の複合版が簡単になります．この場合の結果をまとめておきましょう．

補題 9.5.2. $\{X(t); t \geq 0\}$ は条件 (6a)，(6b)，(6c) を満たす確率過程であり，フィルトレーション $\mathbb{F} \equiv \{\mathcal{F}_t; t \geq 0\}$ に適合する．このとき，テスト関数 $f \in C_b^{c1}$ が

$$\mathbb{E}(\Delta f(X(t_i))|\mathcal{F}_{t_i-}) = 0, \qquad i = 1, 2, \ldots, \tag{9.5.4}$$

を満たすならば，(9.5.2) により定義した $M(t)$ に対して，セミマルチンゲール表現

$$f(X(t)) = f(X(0)) + \int_0^t \mathcal{H}f(X(u))du + M(t), \qquad t \geq 0, \tag{9.5.5}$$

が成り立ち，$\{M(t); t \geq 0\}$ は $\mathbb{F}$-マルチンゲールである．

一夫：計算が続いて圧倒されました．

美子：セミマルチンゲール表現ができるとしても何に役立つのですか？

先生：これから応用します．期待して下さい．その前にもう一つ話したいことがあります．これまで発展方程式にはブラウン運動が出てきていません．理由は，ブラウン運動の標本関数は連続だが微分できないためです．このブラウン運動を含めた発展方程式の話です．

9.6　発展方程式とブラウン運動

これまで確率過程 $\{X(t); t \geq 0\}$ について，標本関数 $X(t)$ が離散的な不連続点を除いて微分可能であるという仮定 (6a) と (6b) に微分係数がある関数 h に等しいという仮定 (6c) を加えた下で発展方程式 (6.2.1) について話してきました．その微分式 (6.3.2) から，この $X(t)$ は dt による普通の積分と不連続点での $dN(t)$ による積分になっています．これにブラウン運動 $\{B(t); t \geq 0\}$ の項を加え，$X(t)$ は

$$X(t) - X(0) = \int_0^t h(X(u))du + \sum_{i=1}^{N(t)} \Delta X(t_i) + B(t), \quad t \geq 0, \tag{9.6.1}$$

を満たすとします．更に，このブラウン運動は，$X(t)$ から生成されたフィルトレーション $\{\mathcal{F}_t(X); t \geq 0\}$ に適合し，$\{B(u); u > t\}$ は $\mathcal{F}_t(X)$ と独立であると仮定します．すなわち，(6.2.1) の $X(t)$ に純粋な雑音を加えたことになります．

$X(t)$ は不連続点を除いても $B(t)$ のためにもはや微分可能ではありません．したがって，(9.6.1) を満たす $\{X(t); t \geq 0\}$ の存在は自明ではありません．存在する例はありますが難しい問題ですので，存在を仮定します．

次に，$X(t)$ にテスト関数 $f \in C^{2c}(\mathbb{R})$ を適用し，$f(X(t))$ の発展方程式を導きます．基本的な考えは，時間区間 $[0, t]$ を微少な時間区間 $[(k-1)\delta_n, k\delta_n]$ に分割し，$f(X(t)) - f(X(0))$ の連続部分をこれらの区間での差分の和により表すことです．すなわち，$\delta_n = 2^{-n}$ とし，各 $t > 0$ に対して，

$$\begin{aligned} & f(X(t)) - f(X(0)) \\ & \qquad = \sum_{k=0}^{[t/\delta_n]} f(X((k+1)\delta_n)) - f(X(k\delta_n)) + O(\delta_n) \end{aligned} \tag{9.6.2}$$

と表します．ここに，$[a]$ は実数 a に対して a を超えないの最大の整数であり，$O(\delta_n)$ は δ_n で割ったとき有界である量を表す．関数 f は連続2回微分可能ですから，不連続点を除いたテーラー展開により，

$$\begin{aligned} & f(X((k+1)\delta_n)) - f(X(k\delta_n)) - \sum_{i=N(k\delta_n)+1}^{N((k+1)\delta_n)} \Delta f(X(t_i)) \\ & = f'(X(k\delta_n))\widetilde{\Delta}_n X(k\delta_n) + \frac{1}{2} f''(X(k\delta_n))(\widetilde{\Delta}_n X(k\delta_n))^2 + o((\widetilde{\Delta}_n X(k\delta_n))^2) \end{aligned}$$

が成り立ちます．ここに，$\widetilde{\Delta}_n X(k\delta_n)$ は不連続点を除いた時刻 $k\delta_n$ での変分，すなわち，

$$\widetilde{\Delta}_n X(k\delta_n) = \int_{k\delta_n}^{(k+1)\delta_n} h(X(u))du + B((k+1)\delta_n) - B(k\delta_n)$$

です．$\Delta_n B(k\delta_n) = (B((k+1)\delta_n) - B(k\delta_n))$ とおくと，

$$\mathbb{E}[\Delta_n B(k\delta_n)] = 0, \qquad \mathbb{E}[\Delta_n B(k\delta_n)\Delta_n B(j\delta_n)] = \begin{cases} \delta_n, & k = j \\ 0, & k \neq j, \end{cases}$$

と，$\delta_{n+1} = \frac{1}{2}\delta_n$ よる分割が δ_n による分割の細分になることから，

$$\lim_{n\to\infty} \sum_{k=0}^{[t/\delta_n]} f''(X(k\delta_n))(\widetilde{\Delta}_n X(k\delta_n))^2 = \int_0^t f''(X(u))du$$

が確率 1 で成り立つことを証明できます．したがって，(9.6.2) において $n \to \infty$ すると，

$$f(X(t)) - f(X(0)) = \int_0^t h(X(u))f'(X(u))du + \int_0^t f'(X(u))dB(u) + \frac{1}{2}\int_0^t f''(X(u))du + \sum_{i=1}^{N(t)} \Delta f(X(t_i)) \qquad (9.6.3)$$

が確率 1 で成り立ちます．ここに，

$$\int_0^t f'(X(u))dB(u) = \lim_{n\to\infty} \sum_{k=0}^{[t/\delta_n]} f'(X(k\delta_n))(B((k+1)\delta_n) - B(k\delta_n))$$

です．ただし，$f'(X(u))$ が $u \in [0,t]$ で有界であることを仮定しています．

先生：おおまかな説明で (9.6.3) を導きましたが理解できましたか．

一夫：テーラー展開が出てきてなんとなく分かった気分になりましたが，極限操作は苦手です．

美子：何となく分かりましたが，証明は大変そうですね．この場合のマルチンゲール表現はどうなるのでしょうか？

先生：この式のセミマルチゲール表現は比較的簡単です．

不連続変化の項は $\sum_{i=1}^{N(t)} \Delta f(X(t_i))$ はブラウン運動のない場合と同じように分解できますので，問題は積分 $\int_0^t f'(X(u))dB(u)$ です．そこで，$n \geq 1$

に対して，

$$Z_n(t) = \sum_{k=0}^{[t/\delta_n]} f'(X(k\delta_n))(B((k+1)\delta_n) - B(k\delta_n)), \qquad t \geq 0,$$

と置きます．各nに対して，$Z_n(t)$が$\mathbb{F}$-マルチンゲールとなること，$\mathbb{E}(|Z_n(u)|)$が$u \in [0, t]$と$n \geq 1$について有界であることから，$\lim_{n\to\infty} Z_n(t)$もマルチンゲールとなることを証明できます．

これまで，純粋な雑音としてブラウン運動を使ってきましたが，ブラウン運動$\{B(t); t \geq 0\}$をマルチンゲール$\{M(t); t \geq 0\}$に置き換えたときも(9.6.3)と同様な式が成り立ちます．すなわち，

$$f(X(t)) - f(X(0)) = \int_0^t h(X(u))f'(X(u))du + \int_0^t f'(X(u))dM(u) + \frac{1}{2}\int_0^t f''(X(u))d[M(u)] + \sum_{i=1}^{N(t)} \Delta f(X(t_i)) \tag{9.6.4}$$

です．この方程式も複合版の発展方程式です．ここに，$[M(u)]$は$M(t)$の2次変動と呼び，

$$[M(t)] = \lim_{n\to\infty} \sum_{k=0}^{[r/\delta_n]} (M((k+1)\delta_n) - M(k\delta_n))^2$$

により定義します．少し飛躍した話ですが，感覚的に理解できれば十分です．

一夫：何か異次元の世界に入ってきました．
美子：一般的な式なので使えれば役立ちそうです．
先生：(9.6.4)は伊藤の公式と呼ばれ，確率過程の解析では広く使われています．皆さんもどこかで詳しく勉強する機会があると思います．

9.7　演習問題

9.1 (a) 数列$\{a_n; n = 1, 2, \ldots\}$が有限な値$a$へ収束することの定義を述べよ．

(b) 各標本ごとに実数値をとる確率変数列 $\{X_n; n = 1, 2, \ldots\}$ が有限な値に収束するとき，極限も確率変数であることを示せ．

9.2 離散時間過程 $\{X_n; n \geq 0\}$ が離散時間のフィルトレーション $\mathbb{F}_d \equiv \{\mathcal{F}_n; n \geq 0\}$ に関してセミマルチンゲール表現

$$X_n = Y_n + M_n, \qquad n \geq 0,$$

をもつとき，定数 a に対して $M_0 = a$ ならば，$\mathcal{F}_{n-1}$-可測な Y_n と $\mathbb{F}_d$-マルチンゲール M_n が確率 1 で唯一つ決まることを証明せよ．ここに，$\{M_n; n \geq 0\}$ が $\mathbb{F}_d$-マルチンゲールであるとは，M_n は $\mathcal{F}_n$-可測，$\mathbb{E}(|M_n|) < \infty$ かつ

$$\mathbb{E}(M_{n+1}|\mathcal{F}_n) = M_n, \qquad n \geq 0,$$

が成り立つことである．

9.3 $\{M(t); t \geq 0\}$ は $\mathbb{F}$-マルチンゲールであり，$t \geq 0$ に対して $\mathbb{E}(M^2(t)) < \infty$ であるとき，$M^2(t)$ が $\mathbb{F}$-劣マルチンゲールとなることを示せ．

9.4 $\{N(t); t \geq 0\}$ をフィルトレーション $\mathbb{F}$ に適合した計数過程とする．$N(t)$ が $\mathbb{F}$-劣マルチンゲールとなることを示せ．

9.5 η, τ が $\mathbb{F}$-停止時刻であるとき，次のことを示せ．

(a) $\mathcal{F}_{\tau-} \subset \mathcal{F}_\tau$.

(b) $\eta \leq \tau$ ならば，$\mathcal{F}_\eta \subset \mathcal{F}_\tau$.

第10章

待ち行列の流体近似

実際のランダム現象を表す確率過程としてマルコフ過程が広く使われています．しかしマルコフ過程であっても，時間的な変化を確率や期待値を用いて調べることは計算が非常に複雑であり難しい．このため複雑なマルコフ過程を簡単な確率過程で近似し，モデルの特性を調べることが行われてきました．このような近似では，置き換えた確率過程（またはその特性）が何らかの意味で元のマルコフ過程（またはモデルの特性）に近いことの保証が重要です．本章と次章でこの保証がある近似について説明します．

10.1　スケーラブルな確率過程

連続時間確率過程の状態には数量として表すことができるものが多い．例えば，待ち行列モデルにおける待ち人数や系内の残り仕事量，物流や販売店における在庫量，物理現象における粒子や流体の運動，金融工学における株価や資産価値などがある．数量の中でも実数や実数を要素とするベクトルなどのように連続的な値を取るものはどんな定数倍も再び同じ種類の数になる．このような数は量る単位が自由に変えられるという意味でスケーラブル（尺度変更可能）であるといいます．

連続時間確率過程の時間は実数ですから，スケーラブルです．状態も時間もスケーラブルな確率過程は拡大や縮小が可能です．このような尺度変換により，確率過程の時間的な変化を大まかにとらえることが可能です．したがって，尺度を縮小したときの極限が簡単な確率過程となるならば，この極限過程から元の確率過程の特性を調べることが可能となります．このような方法を漸近解析と呼びます．

一夫：拡大したり縮小したり何か楽しそうです．

美子：先生のあげた例は流体運動を除くと個数（客数など）や最小単位（株価など）のあるものですから，整数値です．これを尺度変換すると整数とは限りません．それでも尺度変換なのでしょうか？

先生：整数は実数です．これは言い訳ではありません．例えば，待ち行列のような離散状態モデルも尺度変換を行います．状態の変化が小さくなる尺度を取れば近似的に連続量と見なすことができます．

美子：小さな粒子をたくさん集めると流体のように見えるのかしら？

先生：その通りです．先に進みます．

実数を状態とする連続時間確率過程 $\{X(t); t \geq 0\}$ に尺度変換（スケール変換とも言う）を適用することを考えてみましょう．$r > 0$ に対して $c(r)$ を $r \downarrow 0$ のとき $c(r) \uparrow \infty$ となる関数とします．これらの $r, c(r)$ に対して，

$$X^{(r,c(r))}(t) = rX(c(r)\,t), \qquad t \geq 0, \tag{10.1.1}$$

により，尺度変換した確率過程 $\{X^{(r,c(r))}(t)\}$ を定義します．状態を r 倍し，時間を $c(r)$ 倍にする尺度変換です．r を尺度パラメータと呼びます．

例えば，$c(r) = 1/r$ の場合を考えてみましょう．$t = 1$ のとき $r \downarrow 0$ に対する (10.1.1) の極限 $X^{(0,\infty)}(1)$ が存在するならば，任意の $t > 0$ に対して，

$$\lim_{r\downarrow 0} X^{(r,1/r)}(t) = \lim_{r\downarrow 0} t \times \frac{r}{t} X\left(\frac{t}{r}\right) = X^{(0,\infty)}(1)\,t \tag{10.1.2}$$

です．この尺度変換は単純過ぎに見えますが，よく使う尺度変換の1つで流体尺度変換と呼びます．ここで質問です．この尺度変換を役立つようにするにはどうすればよいでしょうか．

一夫：質問が抽象的でイメージがわきません．

先生：そうですね．$X(t)$ は銀行口座の預金残高と考えてみてください．

一夫：僕の場合預金残高はいつもある一定額を超えませんので，時間を日数と見て $1/r$ 倍しても，預金残高に r をかけると0に近づきます．

美子：そういう人は尺度変換をする意味がないってことかしら．逆に考えると，初めに預金残高が大きければ意味のある尺度変換が出てきそうです．

先生：そうですね．なかなかよい点を見ています．

流体尺度変換により意味のある極限過程を得るためには，極限過程の初期値が自由に設定できることが重要です．このためには尺度パラメータ r の変更に伴い初期値 $X(0)$ を変化させる必要があります．まず，初期状態が $X(0) = a$ である $X(t)$ を $X_a(t)$ と表します．次に初期状態 a を $1/r$ 倍した $X_{a/r}(t)$ に対して流体尺度を適用し $X_{a/r}^{(r,1/r)}$ と表します．すなわち，

$$X_{a/r}^{(r,1/r)}(t) = rX_{a/r}(t/r), \qquad t \geq 0,$$

と定義します．このとき，

$$X_{a/r}^{(r,1/r)}(0) = rX_{a/r}(0) = r \times \frac{a}{r} = a \tag{10.1.3}$$

です．この $X_{a/r}^{(r,1/r)}(t)$ に対して，$r \downarrow 0$ の極限が存在するならば，

$$\overline{X}_a(t) = \lim_{r \downarrow 0} X_{a/r}^{(r,1/r)}(t), \qquad t \geq 0 \tag{10.1.4}$$

により $\overline{X}_a(t)$ を定義し，$\{\overline{X}_a(t); t \geq 0\}$ を初期値 a の流体近似過程と呼びます．この極限過程は (10.1.2) と同じように見えるかもしれませんが，初期値に依存して極限が変わる可能性があります．また，各時刻 t で $X_{a/r}^{(r,1/r)}(t)$ の値に依存して t 以後の $X_{a/r}^{(r,1/r)}(u)$ が変わる可能性もあり，極限 (10.1.4) の存在は簡単ではありません．

一夫：なんだか難しくなってきました．

美子：何か手がかりが必要だと思います．先生，何か隠していませんか．

先生：隠すつもりはありませんが，$X(t)$ の時間的な発展がすべての情報です．したがって，発展方程式を使って極限を求めることが考えられます．モデルごとに考える必要があるとも言えます．待ち行列モデルを使って具体的に極限過程を求めます．その前に注意点が1つあります．

これまで述べませんでしたが，$X_{a/r}^{(r,1/r)}(t)$ は確率変数ですから標本 ω の関数であり，時刻 t も変数とすると，変数 (ω, t) の関数です．したがって，$X_{a/r}^{(r,1/r)}(t)$ の収束は各 (ω, t) を与えた下での数として収束です．一般には，確率法則の下での関数としての収束を使うこともできます．いろいろな収束概念がありますので，時間があれば後日話します．

美子：流体近似の極限過程はいつも確定的な関数になるのでしょうか．

先生：必ずしも確定的ではありません．例えば，確率変数 Y があり，$X(t) = X(0) + Yt$ であるとすると，$\overline{X}_a(t) = a + Yt$ であり，極限過程は確定的ではありません．しかし，多くの場合確定的です．

10.2　窓口 1 つの待ち行列

窓口が 1 つで先着順にサービスする待ち行列システムが時刻 0 から稼働を始め，稼働開始時に $L(0)$ 人の客がいたとします．時刻 t での系内人数を $L(t)$，時刻 0 から t までに到着した客数を $A(t)$，n 番目にサービスを始めた客のサービス時間を U_n とします．このとき，

$$S(t) = \max\{n \geq 0; U_1 + U_2 + \ldots + U_n \leq t\} \tag{10.2.1}$$

とすれば，$S(t)$ は窓口が稼働していた時間が t であるときにサービスを完了した客数を表します．したがって，時刻 t までに窓口が稼働していた時間を $V(t)$ とすれば，

$$V(t) = \int_0^t 1(L(u) > 0)du \tag{10.2.2}$$

であり，

$$L(t) = L(0) + A(t) - S(V(t)), \qquad t \geq 0, \tag{10.2.3}$$

が成り立つことは明らかでしょう．これらの式は全て標本 $\omega \in \Omega$ ごとに成り立つ式です．$L(0), \{A(t); t \geq 0\}, \{S(t); t \geq 0\}$ が与えられれば，(10.2.2) と (10.2.3) より $L(t)$ と $V(t)$ が求まることが予想され，実際に $L(t)$ を到着またはサービスが起こる時刻で追っていけば証明することができます．

一夫：積分が出てくる連立方程式は初めてです．戸惑いました．

美子：$L(t)$ と $V(t)$ の連立方式ですので解くことは難しそうに見えましたが，言われてみると証明ができそうです．

先生：(10.2.2) と (10.2.3) をこれまで勉強してきた $\{(L(t), V(t)); t \geq 0\}$ の発展方程式と見ることもできます．

美子：この方程式を使って $L(t)$ の流体極限を求めるのでしょうか？

先生：勘がいいですね．その前に，$A(t), S(t)$ についての一般的な条件の下で連立方程式 (10.2.2) と (10.2.3) の解 $(L(t), V(t))$ が唯 1 つ存在することを証明しましょう．

10.3 反射型入出力過程

これからは，$A(t)$ と $S(t)$ は，単に $A(0) = S(0) = 0$ を満たす非減少関数であるとします．このとき，(10.2.2) と (10.2.3) の解 $(L(t), V(t))$ を求めることが目的です．条件が待ち行列のときより一般化されたので，$L(t)$ を $Z(t)$ と表します．すなわち，連立方程式，

$$V(t) = \int_0^t 1(Z(u) > 0)du, \tag{10.3.1}$$

$$Z(t) = Z(0) + A(t) - S(V(t)), \qquad t \geq 0, \tag{10.3.2}$$

について考えます．

$$X(t) = Z(0) + A(t) - \lambda t - (S(V(t)) - \mu V(t)) + (\lambda - \mu)t, \tag{10.3.3}$$

$$Y(t) = \mu(t - V(t)), \tag{10.3.4}$$

とおくと，

$$Y(t) = \int_0^t (1 - 1(Z(u) > 0))du = \int_0^t 1(Z(u) = 0)du$$

と表すことができます．この $Y(t)$ は t の非減少関数であり，$Z(t) = 0$ のときのみ増加するので，

$$\int_0^t Z(u)dY(u) = 0 \tag{10.3.5}$$

であり，(10.3.2) より

$$Z(t) = X(t) + Y(t), \qquad t \geq 0, \tag{10.3.6}$$

が成り立ちます．ここに，$A(0) = S(0) = 0$ より，$X(0) = Z(0)$ です．そこで，問題を与えられた $\{X(t); t \geq 0\}$ に対して (10.3.5) と (10.3.6) を満たす $Z(t) \geq 0$ と非減少な $Y(t)$ を求めることに一般化します．

定義 10.3.1. 上記の $Z(t), Y(t)$ が存在するならば，$\{(Z(t), Y(t)); t \geq 0\}$ を $\{X(t); t \geq 0\}$ を入力とする $\mathbb{R}_+$ 上の反射型入出力過程と呼ぶ．

一夫：初め待ち行列の話をしていたので具体的な問題かと思ったら，だんだん話が難しくなってきました．

美子：やさしそうな話から一般的な問題へ飛ぶいつもの手ですか．

先生：先を読んでいるのに感心します．しかし，大きな利点があります．

- 一般化することにより応用範囲が拡がる．例えば，$A(t), S(t)$ が連続的に増加することもできます．例えば，スタンドにおけるガソリンの在庫量の問題にも適用できます．この場合，$Z(t)$ は時刻 t での在庫量，$A(t)$ は時刻 t までの入荷量，$S(t)$ は時刻 t までの潜在的な需要量です．
- 一般化は応用だけでなく流体近似を行う上でも重要です．これは極限過程が連続量となるためです．
- 理論的には，待ち行列ネットワークなどのようにより複雑なシステムを解析するための第一歩となることです．

$\mathbb{R}_+$ 上の反射過程がただ一つ決まることを，確定的な関数 $z(t), x(t), y(t)$ に関する次の定理を使って証明します．

定理 10.3.1. 任意に与えられた右連続で左極限をもつ関数 $x(t)$ に対して，

$$z(t) = x(t) + y(t), \tag{10.3.7}$$

$$\int_0^t z(u) dy(u) = 0 \tag{10.3.8}$$

を満たす $z(t) \geq 0$ と右連続非減少関数 $y(t)$ が唯 1 つ定まり，

$$y(t) = \sup_{0 \le u \le t} \max(0, -x(u)), \tag{10.3.9}$$

$$z(t) = x(t) + \sup_{0 \le u \le t} \max(0, -x(u)), \tag{10.3.10}$$

により与えられる.

証明 (10.3.9) と (10.3.10) により定義された関数 $y(t)$ と $z(t)$ が条件を満たす関数であることを示す. (10.3.7) は (10.3.9) と (10.3.10) により明かです. (10.3.9) より $y(t)$ は非減少関数であり, (10.3.10) より,

$$z(t) = \sup_{0 \le u \le t} \max(x(t), x(t) - x(u)) \ge \max(x(t), 0) \ge 0, \qquad t \ge 0.$$

です. したがって, (10.3.8) を示せばよい. (10.3.9) より,

$$y(t) = \max\left(0, -\inf_{0 \le u \le t} x(u)\right)$$

です. 与えられた $t > 0$ で $y(t)$ が増加するならば, 任意の $\epsilon > 0$ に対して $y(t-) < y(t+\epsilon)$ ですから,

$$-\inf_{0 \le u < t} x(u) < -\inf_{0 \le u \le t+\epsilon} x(u) = \max\left(-\inf_{0 \le u < t} x(u), -\inf_{t \le u \le t+\epsilon} x(u)\right)$$

であり, $\inf_{0 \le u < t} x(u) > \inf_{0 \le u \le t+\epsilon} x(u)$ です. よって, $\epsilon \downarrow 0$ とすると $\inf_{0 \le u < t} x(u) \ge x(t)$ ですから, 左辺が $x(t)$ 以下であることから $\inf_{0 \le u < t} x(u) = x(t)$ です. すなわち, $y(t) = -x(t)$ であり,

$$z(t) = x(t) + y(t) = x(t) - x(t) = 0.$$

従って, (10.3.8) が成り立ちます.

逆に, これらの $y(t), z(t)$ の他にも条件を満たすものがあるとし, $\tilde{y}(t), \tilde{z}(t)$ と表します. このとき, 積分の公式から,

$$\frac{1}{2}(z(t) - \tilde{z}(t))^2 = \int_0^t (z(u) - \tilde{z}(u)) d(z(u) - \tilde{z}(u))$$

です．(10.3.7) より，

$$z(u) - \tilde{z}(u) = (x(u) + y(u) - (x(u) + \tilde{y}(u)) = y(u) - \tilde{y}(u)$$

したがって，上記の積分と (10.3.8) より，$\tilde{z}(u) \geq 0$ と $z(u) \geq 0$ ですから，

$$\frac{1}{2}(z(t) - \tilde{z}(t))^2 = -\int_0^t \tilde{z}(u)dy(u) - \int_0^t z(u)d\tilde{y}(u) \leq 0$$

となります．したがって，$z(t) = \tilde{z}(t)$ です．これと (10.3.7) より，$y(t) = \tilde{y}(t)$ も成り立ち，唯 1 つであることが証明できました．　■

ここで反射過程 $\{(Y(t), Z(t)); t \geq 0\}$ へ戻ります．(10.3.5) の $Y(t)$ は $Z(t) = 0$ のときのみ増加するので，定理 10.3.1 を，

$$x(t) = Z(0) + X(t), \qquad Y(t) = y(t), \qquad z(t) = Z(t)$$

として適用すれば，反射過程が唯 1 つ存在することが分かります．いつものことですがちょっと準備をさせて下さい．

一夫：先生，証明に疲れました．

美子：唯 1 つであることの証明はきれいですが，どうやって思いついたのでしょう．

先生：$x(t) = z(t) - y(z)$ と書けますので，この分解が条件 (10.3.8) の下で唯 1 つであることの証明になります．ここで，(10.3.8) はある種の直交条件です．次はいよいよ流体極限です．

10.4　反射写像と流体極限

定理 10.3.1 により，関数 $x(t)$ から関数 $y(t), z(t)$ を作ることができました．このとき，(10.3.10) と (10.3.9) を，それぞれ，関数 $x(t)$ から $y(t)$ と $z(t)$ への写像であるとみなし，

$$z = \Phi(x), \qquad y = \Psi(x)$$

と表し，Φ を反射写像と呼びます．Φ（フィー）と Ψ（プシー）はギリシャ文字の大文字です．

写像 Φ と Ψ の特性を調べるために，関数の集合 $\mathcal{D}$ を定義します．この集合は $[0,\infty)$ から $\mathbb{R} \equiv (-\infty,+\infty)$ へのすべての右連続でかつ左極限をもつすべての関数を集めたものです．すなわち，$f \in \mathcal{D}$ ならば，

$$\lim_{\epsilon \downarrow 0} f(t-\epsilon) = f(t-), \qquad \lim_{\epsilon \downarrow 0} f(t+\epsilon) = f(t),$$

が成り立ちます．流体極限を求めることは関数の列の収束を求めることですから，関数間の近さをはかるノルムを定義しておくと便利です．そこで，$f \in \mathcal{D}$ の各 $T > 0$ に対するノルムを

$$\|f\|_T = \sup_{0 \le u \le t} |f(u)|$$

により定義します．このとき，$f, g \in \mathcal{D}$ に対して，f と g の近さを各 $T > 0$ に対して $\|f-g\|_T$ により表します．すべての $T > 0$ に対して，

$$\lim_{n \to \infty} \|f_n - f\|_T = 0$$

が成り立つならば，関数の列 $f_n \in \mathcal{D}$ が f に一様コンパクト収束すると言います．また，H を $\mathcal{D}$ から $\mathcal{D}$ への写像とするとき，$T > 0$ とある $a > 0$ に対して，

$$\|H(f)\|_T \le a\|f\|_T$$

が成り立つならば，H は $[0,T]$ 上でリプシッツ（Lipschitz）連続であると言います．

補題 10.4.1. 各 $T > 0$ に対して，

$$\|\Phi(x)\|_T \le 2\|x\|_T, \qquad \|\Psi(x)\|_T \le \|x\|_T, \tag{10.4.1}$$

が成り立つ．すなわち，Φ, Ψ はリプシッツ連続性である．

証明 $t \ge 0$ に対して，(10.3.9) より，

$$\|\Psi(x)\|_T = \|y\|_T = \sup_{0 \le t \le T} \left| \inf_{0 \le u \le t} x(u) \right| \le \|x\|_T$$

であり，$z(t) = x(t) + y(t)$ より $\|z\|_T \le \|x\|_T + \|y\|_T \le 2\|x\|_T$ である． ∎

いよいよ，(10.3.2) で表される反射型入出力過程 $\{X(t)\}$ の流体スケーリングを考えてみましょう．$A(t)$ と $S(t)$ は次の条件を満たすとします．

(10a)　ある正の定数 λ, μ があり，

$$\lim_{t\to\infty} \frac{A(t)}{t} = \lambda, \qquad \lim_{t\to\infty} \frac{S(t)}{t} = \mu, \tag{10.4.2}$$

が確率1で成り立つ．以後，確率1を省きます．

$\{(Y(t), Z(t)); t \ge 0\}$ を $\mathbb{R}_+$ 上の反射型過程であるとし，定数 $a \ge 0$ と尺度パラメータ r に対して，$Z(0) = a/r$ とします．

各 $t \ge 0$ に対して $r(V(t/r)) \le rt/r = t$ ですから，(10.3.2) より，

$$\begin{aligned} rZ(t/r) &= a + rA(t/r) - rS(r^{-1}rV(t/r)) \\ &\ge a + rA(t/r) - rS(r^{-1}t) \end{aligned}$$

です．ここで，$a+(\lambda-\mu)t > 0$ を満たす任意の $t > 0$ に対して $a+(\lambda-\mu)t > \delta$ を満たす $\delta > 0$ が存在するので，(10.4.2) より，ある $r_0 > 0$ があり，

$$rZ(t/r) \ge a + (\lambda - \mu)t - \delta > 0, \qquad \forall r \le r_0$$

が成り立ちます．従って，$0 < t \le a/(|\lambda - \mu| + 1)$ を満たす t に対して，

$$\begin{aligned} V(t/r) &= \int_0^{t/r} 1(Z(u) > 0)du = r^{-1}\int_0^t 1(Z(u/r) > 0)du \\ &\ge r^{-1}\int_0^t du = r^{-1}t \to \infty, \qquad r \to 0. \end{aligned} \tag{10.4.3}$$

です．$V(t/r)$ は t の非減少関数ですから，すべての $t \ge 0$ に対して同じ不等式が成り立ちます．したがって，(10.4.2) より，

$$\lim_{r\downarrow 0} r\left(S\left(V(t/r)\right) - \mu V(t/r)\right) = \lim_{r\downarrow 0} rV(t/r)\frac{S(V(t/r)) - \mu V(t/r))}{V(t/r)} = 0$$

です．以上のことと仮定 (10a) より，$b=\lambda-\mu$ とおくと，

$$
\begin{aligned}
\overline{X}_a(t) &\equiv \lim_{r\downarrow 0} X_{a/r}^{(r,1/r)}(t) \\
&= \lim_{r\downarrow 0}\left(a+t\frac{A(t/r)-\lambda t/r}{t/r} - +r\left(S\left(V(t/r)\right)-\mu V(t/r)\right)+bt\right) \\
&= a+bt \qquad (10.4.4)
\end{aligned}
$$

が得られました．このとき，$g(t)=a+bt$ とおくと，$r\downarrow 0$ のとき $\|X_{a/r}^{(r,1/r)}-g(t)\|_t\to 0$ が証明できるので，(10.3.9) より，

$$
\begin{aligned}
\overline{Y}_a(t) &\equiv \lim_{r\downarrow 0} Y_{a/r}^{(r,1/r)}(t) \\
&= \lim_{r\downarrow 0}\max\left(0,-(a+bt)+\sup_{0\le u\le t}\left(-X_{a/r}^{(r,1/r)}(u)+(a+bt)\right)\right) \\
&= \max(0,-(a+bt)) \qquad (10.4.5)
\end{aligned}
$$

が得られます．したがって，$Z(0)=a$ の下での $Z(t)$ の流体極限は

$$
\begin{aligned}
\overline{Z}_a(t) &\equiv \lim_{r\downarrow 0} Z_{a/r}^{(r,1/r)}(t) = \lim_{r\downarrow 0}(X_{a/r}^{(r,1/r)}(t)+Y_{a/r}^{(r)}(t)) \\
&= a+bt+\max(0,-(a+bt)) \\
&= \max(0,a+bt) \qquad (10.4.6)
\end{aligned}
$$

となります．

美子：証明は長かったですが，結果は簡単ですね．

一夫：何となくわかりますが，この結果から何がわかるのでしょうか．

先生：$b<0$ ならば，a がどんな値でも，いつか必ず $\overline{Z}_a(t)$ が 0 になります．この場合には，確率過程 $Z(t)$ は $t\to\infty$ のとき安定となる，すなわち，十分に大きな K を選べば，$Z(t)<K$ となる時間の相対頻度を 1 に近づけるられることを証明できます．

締めくくりとして，窓口が 1 つの待ち行列モデルに戻ります．このモデルにおいて，a_n を n 番目の客の到着時刻とし，$T_n=a_n-a_{n-1}$ とします．こ

こに，$a_0 = 0$ です．定義より，

$$A(t) = \max\{n \geq 0; T_1 + T_2 + \ldots + T_n \leq t\} \tag{10.4.7}$$

です．このモデルについて次の条件：

(10b)　到着間隔の列 $\{T_n\}$ とサービス時間の列 $\{U_n\}$ が独立であり，それぞれ独立な確率変数列である，

(10c)　到着間隔の列 T_n とサービス時間の列 U_n はそれぞれ同一の分布 F_e と F_s にしたがい，有限な平均が m_a と m_s をもつ，

を満たすとき，$GI/G/1$ 型待ち行列と呼びます．ここに，G は一般の分布（general distribution）に従うことを表しています．また，I は独立（independent）を意味します．であると仮定します．このとき，

$$T_1 + T_2 + \ldots + T_{A(t)} \leq t < T_1 + T_2 + \ldots + T_{A(t)+1}$$

ですから，$t \to \infty$ のとき $A(t) \to \infty$ であることと大数の法則より

$$\limsup_{t\to\infty} \frac{1}{t} A(t) \leq \limsup_{t\to\infty} \frac{A(t)}{T_1 + T_2 + \ldots + T_{A(t)}} = \frac{1}{m_a},$$

$$\liminf_{t\to\infty} \frac{1}{t} A(t) \geq \liminf_{t\to\infty} \frac{A(t)}{T_1 + T_2 + \ldots + T_{A(t)+1}} = \frac{1}{m_a},$$

です．したがって，$\lambda = 1/m_a$ とすれば，はさみ打ちにより，

$$\lim_{t \infty} \frac{1}{t} A(t) = \lambda$$

です．同様にして，$\mu = 1/m_s$ とすれば，

$$\lim_{t \infty} \frac{1}{t} S(t) = \mu$$

です．$X(t) - X(0) = A(t) - S(t)$ ですから，$b = \lambda - \mu$ とすれば，(10.4.2) が成り立ちます．このモデルでは $Z(t) = L(t)$ でした．したがって，$L_{a/r}(t)$ の流体近似 $\overline{L}_a(t)$ を求めると，(10.4.6) より，

$$\overline{L}_a(t) = \max(0, a + (\lambda - \mu)t)$$

です．このモデルでは確率過程 T_n と U_n の分布により確率過程 $\{L(t)\}$ の確率法則が決まります．しかし，任意の時刻 t における $L(t)$ の分布の計算は，$A(t)$ がポアソン過程の場合でも容易ではありません．しかし，流体近似により，$\lambda < \mu$ ならば，$L(t)$ が安定であることがわかると共に，待ち行列の変化が大まかに予測できます．

美子：まとめると流体近似過程は反射型入出力過程の安定性を調べるために役立つと言うことですか．

先生：その通りです．しかし，流体近似過程そのものは直感的なモデル化の方法として応用ではよく使われています．説明しませんでしたが，周期やラッシュアワーのようにピークのある到着過程にも有効です．

一夫：システムの特性は安定性だけでは不十分ではありませんか．

先生：そうですね．十分ではありません．そこで，より精密な漸近特性が研究されています．その一つが拡散近似過程です．次章はこの過程について述べる予定です．

美子：1つ気になることがあります．それは，先生が10.1節で発展方程式を使って流体極限を求めることができると述べたことです．しかし，これまでテスト関数も発展方程式（特に期待値型）も使っていないように思うのですが．

先生：よく憶えていますね．確かにそう言いました．実際に，$GI/G/1$ 待ち行列に限定すれば，指数型のテスト関数と期待値型の発展方程式を使って同様な結果を導くことができます．しかし，話が長くなるので中止しました．

10.5　演習問題

10.1 $n \geq 1$ に対して $a_n = T_1 + \ldots + T_n$ とし，$A(t)$ を (10.4.7) により定義する．

(a) $A(t) \geq n$ と $a_n \leq t$ は同値であることを示せ．

(b) $n \to \infty$ のとき $a_n \to \infty$ ならば，$t \to \infty$ のとき $A(t) \to \infty$ となることを示せ．

10.2 $[0,\infty)$ から $\mathbb{R}$ への関数 f が以下の場合に流体近似極限を求めよ.

(a) $f(t) = t + \sqrt{t}$

(b) $f(t) = t(\log(1+2t) - \log(1+t))$

(c) $f(t) = e^t$

第 11 章

ブラウン運動と拡散近似

反射型過程 $\{(Y(t), Z(t))\}$ の流体近似において，$X(t)$ が (10.3.3) により与えられたときの $Y(t)$ と $Z(t)$ の流体極限が．(10a) を満たす $A(t), S(t)$ に対し具体的に求めました．この流体極限の精密化を考えます．

先生：さあ，どのように精密化ができるでしょうか？
一夫：分かりませんが，何か $X(t)$ が関係しているように見えます．
美子：あら，たまには良いことを言うわね．$X(t)$ の流体近似に純粋なランダム量であるマルチンゲールを加えて，$Y(t)$ と $Z(t)$ を作るのはどうですか．
先生：皆さんは良くできる．しかし，極限過程を先に作るのはよいとしてもどんな反射過程の近似モデルになるのか，検証が問題ですね．
一夫：先生のその理屈っぽいところが嫌いです．

11.1　流体近似の精密化

前回は確率過程 $\{X(t)\}$ の時間と状態を同じ倍率で拡大，縮小しました．この結果大数の法則と同じように，確定的な関数が極限として得られました．$X(t)$ をスケール変換しその極限にマルチンゲールとしてブラウン運動の項が現れるようにすれば，近似が検証可能になると予想できます．流体尺度では，尺度パラメータを r とするとき，状態を r 倍に縮小し時間を $c(r) \equiv 1/r$ 倍に拡大しました．したがって，$X(t)$ を尺度変換した極限がランダムな要因を含むようにするために時間の尺度 $c(r)$ をより大きくする（または状態の縮小を減らす）ことが必要です．

もう1つの大きな問題点は，(10.3.3) により定義された $X(t)$ は $V(t)$ を含むため複雑です．そこで，問題を簡単にするために $V(t)$ を t で置き換え，$X(t)$ の代りに，

$$\widetilde{X}(t) = \widetilde{X}(0) + A(t) - S(t), \qquad t \geq 0, \tag{11.1.1}$$

により定義した $\widetilde{X}(t)$ について考えます．ここに，$A(t)$ と $S(t)$ は，10章で述べた $GI/G/1$ 待ち行列の到着とサービス完了数に関する計数過程です．すなわち，$n-1$ 番目と n 番目に到着した客の到着間隔を T_n，n 番目に到着した客のサービス時間を U_n とし，$A(t)$ と $S(t)$ を (10.4.7) と (10.2.1) により定義します．ここに，$\{T_n; n=1,2,\ldots\}$ と $\{U_n; n=1,2,\ldots\}$ は，それぞれ，独立で同一の分布に従うと仮定します．

美子：$X(t)$ を $\widetilde{X}(t)$ で近似するということですか．

先生：その通りです．$S(V(t))$ を $S(t)$ に置き換えるのは強引に思われますが，この置き換えが可能となる尺度変換を選んだことを後に説明しまし．ここでは，簡単な条件の下で尺度変換でランダムな量を抽出するには，どんな尺度 $c(r)$ を選べば良いかだけを考えます．

一夫：何かだまされそうな気もしますが，近似を認めることにします．

これからは，初期値 $X(0)$ が0に等しいとします．この確率過程のスケール変換は

$$\begin{aligned}\widetilde{X}^{(r,c(r))}(t) &\equiv r\widetilde{X}(c(r)t) \\ &= (\lambda-\mu)rc(r)t + r\left(A(c(r)t) - \lambda c(r)t\right) \\ &\quad - r\left(S(c(r)t) - \mu c(r)t\right)\end{aligned} \tag{11.1.2}$$

です．$A(t)$ と $S(t)$ は独立ですから，この式の右辺が $r \downarrow 0$ のとき弱収束するためには，次の3条件が必要であると予想されます．

(i)　$(\lambda-\mu)rc(r)$ が定数に収束する．

(ii)　$r\,(A(c(r)\,t) - \lambda c(r)\,t)$ の分布が弱収束する．

(iii)　$r\,(S(c(r)t) - \mu c(r)t)$ の分布が弱収束する．

(i) が成り立つためには，$\lambda = \mu$ であるか，$r \downarrow 0$ のとき $rc(r)$ が定数へ収束することが必要です．後者は流体近似になるので望ましくありません．一方，$\lambda = \mu$ は待ち行列が不安定になるので，これもよくありません．そこで，$\widetilde{X}(t), A(t), S(t)$ が r に依存して変わるとして，$\widetilde{X}^{(r)}(t), A^{(r)}(t), S^{(r)}(t)$ と表します．また，各 $r > 0$ に対する T_n と U_n を $T_n^{(r)}$ と $U_n^{(r)}$ と表します．このとき，$\lambda^{(r)} = 1/\mathbb{E}(T^{(r)})$，$\mu^{(r)} = 1/\mathbb{E}(U^{(r)})$，$\rho^{(r)} = \lambda^{(r)}/\mu^{(r)}$ とおきます．ここで，天下り的ですが，(i) を考慮し，ある $b > 0$ に対して，

$$\mu^{(r)} - \lambda^{(r)} = br, \tag{11.1.3}$$

と仮定します．このとき，(i) の条件を満たすためには，$c(r)$ が $1/r^2$ に比例する必要があります．そこで，$c(r)$ を

$$c(r) = \frac{1}{r^2} \tag{11.1.4}$$

と定義します．

美子：また都合のよいように条件を変える後出しジャンケンですね．
一夫：r によりモデルが変わると訳がわからなくなりそうです．
先生：みなさんの不満はわかりますが，もう少し我慢して下さい．

これまでの条件に加え，ある $\lambda > 0$ に対して，

$$\lim_{r\downarrow 0} \lambda^{(r)} = \lambda, \tag{11.1.5}$$

が成り立つとします．このとき

$$\lim_{r\downarrow 0} \mu^{(r)} = \lim_{r\downarrow 0}(\lambda^{(r)} + br) = \lambda, \qquad \lim_{r\downarrow 0} \rho^{(r)} = 1, \tag{11.1.6}$$

です．この $c(r)$ に対して (ii) と (iii) の確認をします．

美子：$\rho^{(r)}$ が 1 へ収束するということは，待ち行列が発散することを意味しませんか？

一夫：だとすると益々訳がわからなくなってきました．

先生：よい点に気がつきました．流体近似を精密化しランダムな項を加えるためには $\rho^{(r)}$ を1に近ずけることが必然だったのです．待ち行列理論では，この条件を重負荷条件と呼んでいます．この場合には窓口が空きになることはほとんどないので，$S(V(t))$ を $S(t)$ で置き換えた $\widetilde{X}(t)$ により $X(t)$ を近似したことの説明がつきます．

結果を予想するために，$T_n^{(r)}$ と $U_n^{(r)}$ の分布が共に指数分布と仮定します．この場合には，$A^{(r)}(t)$ と $S^{(r)}(t)$ はパラメータ $\lambda^{(r)}t$ と $\mu^{(r)}t$ のポアソン分布に従います．したがって，$\mu^{(r)} - \lambda^{(r)} = br$ より，

$$\mathbb{E}(\widetilde{X}^{(r,c(r))}(t)) = \mathbb{E}[r(A^{(r)}(c(r)t) - \mathbb{E}[r(S^{(r)}(c(r)t) = -bt,$$

です．また，$A^{(r)}(t)$ と $S^{(r)}(t)$ は独立ですので，$\widetilde{X}_{a/r}^{(r,c(r))}(t)$ の分散は

$$\begin{aligned}\mathrm{Var}(\widetilde{X}^{(r,c(r))}(t)) &= \mathrm{Var}(r(A^{(r)}(c(r)t)) + \mathrm{Var}(r(S^{(r)}(c(r)t)) \\ &= r^2(\mathrm{Var}(A^{(r)}(t/r^2) + \mathrm{Var}(S^{(r)}(t/r^2)) = (\lambda^{(r)} + \mu^{(r)})t \qquad (11.1.7)\end{aligned}$$

となります．ここで，補題9.3.1よりブラウン運動 $B(t)$ に対して $\mathrm{Var}(B(t)) = t$ ですから，$c(r) = 1/r^2$ ならば $r \downarrow 0$ での $\widetilde{X}^{(r,c(r))}(t)$ の極限がブラウン運動となることが推測されます．この $c(r)$ を拡散尺度と呼びます．この推測は T_n, U_n が指数分布に従う場合に得られましたが，同じことが一般の分布の場合にも言えます．

先生：次の課題は，$\widetilde{X}^{(r,1/r^2)}(t)$ の極限過程を求めることです．この問題は指数分布のときでも解決されていません．どうすればよいでしょうか？

一夫：また，どうすればよいですか．何も思いつきません．

美子：指数分布の場合は $A(t), S(t)$ が独立な確率変数の和になるので，統計で勉強した中心極限定理が使えそうです．

先生：なかなか鋭いですね．この際，中心極限定理を確認しましょう．

定理 11.1.1. 確率変数の列 $X_1, X_2, \ldots$ が独立で，同一の分布に従い，平均 m と有限な分散 σ^2 をもつならば，次の式が成り立つ．

$$\lim_{n\to\infty} \mathbb{P}\left(\frac{X_1 + X_2 + \ldots + X_n - mn}{\sigma\sqrt{n}} \le x\right) = \Phi_{0,1}(x), \qquad x \in \mathbb{R}.$$

ここに，$\Phi_{0,1}$ は標準正規分布関数である．

この結果は中心極限定理と呼ばれています．証明は確率論の本を見てください．ここで，X_n に $Y_n^{(r)} = \widetilde{X}^{(r)}(n) - \widetilde{X}^{(r)}(n-1)$ を代入すると，指数分布の場合には $(\sigma^{(r)})^2 \equiv \mathrm{Var}(Y_n^{(r)}) = \lambda^{(r)} + \mu^{(r)} \to \sigma \equiv 2\lambda$ であり，

$$\begin{aligned}
\widetilde{X}^{(r,1/r^2)}(t) &= r\widetilde{X}^{(r)}(t/r^2) = r\sum_{n=1}^{[t/r^2]} Y_n^{(r)} + r(\widetilde{X}^{(r)}(t/r^2) - \widetilde{X}^{(r)}([t/r^2])) \\
&= r\sigma\sqrt{[t/r^2]}\,\frac{\sum_{n=1}^{[t/r^2]}(Y_n^{(r)} - \mathbb{E}(Y_n^{(r)}))}{\sigma\sqrt{[t/r^2]}} + r[t/r^2](\lambda^{(r)} - \mu^{(r)}) \\
&\quad + r(\widetilde{X}^{(r)}(t/r^2) - \widetilde{X}^{(r)}([t/r^2]))
\end{aligned} \tag{11.1.8}$$

したがって，$\lambda^{(r)} - \mu^{(r)} = br$ と中心極限定理より次の結果が得られます．

$$\lim_{r\downarrow 0} \mathbb{P}\left(\frac{1}{\sigma\sqrt{t}}\left(\widetilde{X}^{(r,1/r^2)}(t) + bt\right) \le x\right) = \Phi_{0,1}(x).$$

美子：ちょと待って下さい．$Y_n^{(r)}$ は r に依存しますので X_n へ代入してもよいのかしら？

先生：気がつきましたか？正確にはできません．しかし，中心極限定理をこのような場合を含むように拡張することができます．

一夫：先生の言い逃れには関心です．

以上のことから，$r \downarrow 0$ のとき $\widetilde{X}^{(r,1/r^2)}(t)$ の極限分布は平均 $-bt$ 分散 $\sigma^2 t$ の正規分布です．この結果と補題 9.3.1 より，T_n, U_n が指数分布の場合には，$\widetilde{X}^{(r,1/r^2)}(t)$ の極限過程 $\widetilde{X}^*(t)$ が存在するならばブラウン運動 $B(t) \equiv -bt + \sigma B_{0,1}(t)$ に一致することが予想されます．ここに，$\{B_{0,1}(t); t \ge 0\}$ は標準ブラウン運動です．

美子：先生，確率過程 $\{\widetilde{X}^{(r,1/r)}(t); t \ge 0\}$ の極限過程 $\{\widetilde{X}^*(t); t \ge 0\}$ への収束はどう定義しているのでしょうか？流体近似の場合には標本ごとの収

　束でしたので数の収束と同じでしたが，中心極限定理は分布関数の収束です．とすると $\widetilde{X}^{(r,1/r)}(t)$ の分布が収束するということでしょうか？

先生：鋭い質問です．確率過程の収束を定義する必要があります．少し長くなりますが説明します．

11.2　分布と確率過程の極限操作

一般に，極限操作は数列のように数が対象であれば理解しやすいのですが，対象が関数や確率測度となると近さを測る方法から考える必要があります．関数に関してはこれまで関数の集合である関数空間に対してノルムを定義し，ノルムを使って距離（近さ）を量りました（6.5節と10.4節）．これまで距離は一様ノルムから作りましたが，関数の不連続点での違いを低く評価する各種の距離もあります．

これに対して，確率分布列の収束については詳しい話をしてきませんでした．6.4節では多次元分布を決めるのにテスト関数の集合を使いました．この考え方を確率過程全体の確率分布に対して適用し，分布列の収束を定義します．$\mathcal{D}$ を右連続かつ左極限を持つ $[0,+\infty)$ 上のすべての実数値関数の集合とします．この $\mathcal{D}$ に距離を定義します．例えば，

$$\|f\|_n = \sup_{u\in[0,n]} |f(u)|, \qquad T \geq 0, f \in \mathcal{D},$$

により，各 $n \geq 1$ ごとにノルムを定義すれば，$f, g \in \mathcal{D}$ の距離を

$$\xi(f,g) = \sum_{n=1}^{\infty} (\|f-g\|_n \wedge 1) 2^{-n} \tag{11.2.1}$$

により量ることができます．ここに，$u \wedge v = \min(u,v)$ です．

一般に $\mathcal{D}$ 上に距離 ρ が定義されれば，$f \in \mathcal{D}$ を中心とし半径 δ の開球 $O_f(\delta) \equiv \{g \in \mathcal{D}; \xi(f,g) \leq \delta\}$ を定義できます．このとき，$\mathcal{D}$ の部分集合 U に対して，$f \in U$ ならば，$O_f(\delta_0) \subset U$ となるような $\delta_0 > 0$ があるとき，U を開集合と言います．開集合 U の全体を $\mathcal{D}$ 上の位相と呼びます．また，ある $\mathcal{D}$ の可算部分集合 $\{f_n; n = 1, 2, \ldots\}$ がどんな開集合 U とも共有する要素

をもつならば，$\mathcal{D}$ は可分であると言います．一様ノルムから作った距離は，一般の $\mathcal{D}$ については可分となりませんが，$\mathcal{D}$ の要素を $[0,\infty)$ 上の連続関数に制限した集合 $C(\mathbb{R}_+)$ は可分です（演習問題 11.1(c)）．

すべての開集合を含む最小の $\mathcal{D}$ 上の σ-集合体を $\mathcal{B}(\mathcal{D})$ と表し，$\mathcal{D}$ 上のボレル集合体と呼びます．確率空間の場合と同じように，$(\mathcal{D},\mathcal{B}(\mathcal{D}))$ 上に確率測度を定義することができます．これまで出てきた連続時間確率過程はすべて，標本 ω ごとに時間の関数であり，$\mathcal{D}$ の要素であると見なせます．例えば，反射型入出力過程過程 $\{X(t); t\ge 0\}$ は，各 ω ごとに $X(t)(\omega)$ を t の関数と見れば，$\mathcal{D}$ に入ります．したがって，この確率過程の確率分布を与えることは，$(\mathcal{D},\mathcal{B}(\mathcal{D}))$ 上に確率測度を与えることと同じです．

確率空間 $(\Omega,\mathcal{F},\mathbb{P})$ で定義された確率過程 $\{\widetilde{X}^{(n)}(t)\}$ と $\{\widetilde{X}^{*}(t)\}$ の確率分布を表す $(\mathcal{D},\mathcal{B}(\mathcal{D}))$ 上の確率測度を，それぞれ，$\mathbb{P}^{(n)}$ と $\mathbb{P}^*$ とします．$f\in C_b(\mathbb{R}_+)$（連続かつ有界な $\mathcal{D}$ から $\mathbb{R}$ への関数 f）に対して，$f(\{\widetilde{X}^{(n)}(t)\})$ と $f(\widetilde{X}^{*}(t)\})$ は有界な確率変数ですから，f の $\mathbb{P}^{(n)}$ と $\mathbb{P}^*$ に関する積分を

$$\int_{\mathcal{D}} f d\mathbb{P}^{(n)} = \mathbb{E}(f(\{\widetilde{X}^{(n)}(t)\})), \qquad \int_{\mathcal{D}} f d\mathbb{P}^{*} = \mathbb{E}(f(\widetilde{X}^{*}(t)))$$

により定義します．このとき，すべての $f\in C_b(\mathbb{R}_+)$ に対して，

$$\lim_{n\to\infty}\int_{\mathcal{D}} f d\mathbb{P}^{(n)} = \int_{\mathcal{D}} f d\mathbb{P}^{*} \qquad (11.2.2)$$

が成り立つならば，$\mathbb{P}^{(n)}$ は $\mathbb{P}^*$ へ弱収束すると言います．また，このとき，$\widetilde{X}^{(n)}(\cdot)\equiv\{\widetilde{X}^{n}(t); t\ge 0\}$ は $\widetilde{X}^{*}(\cdot)\equiv\widetilde{X}^{*}(t); t\ge 0\}$ へ弱収束すると言い，

$$\widetilde{X}^{(n)}(\cdot)\xrightarrow{w}\widetilde{X}^{*}(\cdot)\quad (n\to\infty)$$

と表します．(11.2.2) を確かめるには，任意の $n\ge$ と任意の時刻列 $0\le s_1 < s_2 < \ldots < s_n$ に対して，

$$(\widetilde{X}^{(n)}(s_1),\widetilde{X}^{(n)}(s_2),\ldots,\widetilde{X}^{(n)}(s_n)) \text{ の結合分布}$$
$$\xrightarrow{w} (\widetilde{X}^{*}(s_1),\widetilde{X}^{*}(s_2),\ldots,\widetilde{X}^{*}(s_n)) \text{ の結合分布}$$

だけでは不十分であることが知られています．更に，$\{\mathbb{P}^*_n; n\ge 1\}$ のどんな部分列も確率分布へ収束する部分列をもつことが必要十分条件です．この条

件を確率分布のコンパクト性と呼びます．このための十分条件としてタイトと呼ぶ条件：

$$\sup_K \liminf_{n\to\infty} \mathbb{P}(\widetilde{X}^{(n)}(\cdot) \in K) = 1$$

が知られています．ここに，K は $\mathcal{D}$ のコンパクト集合です．分布を定義する空間が $\mathcal{D}$ の場合にはタイトとコンパクトは同値です．

一般に，(11.2.2) から，$\xi(\widetilde{X}^{(n)}(\cdot), \widetilde{X}^*(\cdot)) \to 0$ が確率 1 で成り立つとは言えませんが，次の定理が成り立ちます．

定理 11.2.1 (Skorohod の表現定理)**.** $\mathcal{D}$ に距離 d が定義され可分であり，$(\mathcal{D}, \mathcal{B}(\mathcal{D}))$ 上の確率測度 $\mathbb{P}^{(n)}$ が $\mathbb{P}^*$ へ弱収束するならば，$\mathbb{P}^{(n)}$ に従う確率過程 $\{\widehat{X}^{(n)}(t)\}$ と $\mathbb{P}^*$ に従う確率過程 $\widehat{X}^*(t)\}$ で，

$$\lim_{n\to\infty} \widehat{X}^{(n)}(t) = \widehat{X}^*(t), \qquad t \geq 0,$$

が確率 1 で成り立つものが存在する．

次の結果は，反射型入出力過程の場合に大変有効です．

定理 11.2.2 (連続写像定理)**.** H が $\mathcal{D}$ から $\mathcal{D}$ への連続写像である，すなわち，任意の $f_n, f \in \mathcal{D}$ に対して，$n \to \infty$ のとき，f_n が f へ収束するならば，$H(f_n)$ も $H(f)$ へ収束するとする．このとき，標本関数が $\mathcal{D}$ の要素である確率過程 $\{X^{(n)}(t)\}$ が $\{X(t)\}$ へ確率 1 で閉区間ごとに一様収束するならば，$\{H(X^{(n)})(t)\}$ も $\{H(X)(t)\}$ へ確率 1 で閉区間ごとに一様収束する．

だいぶ一般論が長くなりましたが，$c(r) = 1/r^2$ の場合の $\widetilde{X}^{(r,1/r^2)}(\cdot) \equiv \{\widetilde{X}^{(r,1/r^2)}(t); t \geq 0\}$ へ適用すると，$\widetilde{X}^{(r,1/r^2)}(\cdot)$ のブラウン運動 $B_{-b,\sigma}(\cdot) \equiv \{-bt + \sigma B(t); t \geq 0\}$ への収束は，

$$\widetilde{X}^{(r,1/r^2)}(\cdot) \xrightarrow{w} B_{-b,\sigma}(\cdot), \quad (r \downarrow 0) \tag{11.2.3}$$

と表すことができます．例えば，(11.1.8) で示したように，$T_n^{(r)}, U_n^{(r)}$ が指数分布で，それぞれ，平均 $1/\lambda^{(r)}, 1/\mu^{(r)}$ をもち，$\lambda^{(r)} - \mu^{(r)} = -br$ ならば，$\sigma^2 = 2\lambda$ に対して (11.2.3) が成り立つことを予想しました．これから，

$T_n^{(r)}, U_n^{(r)}$ の分布が一般の場合について考えます．ここまで何か質問がありますか．

一夫：長かったです．でも何も証明されていないように見えるのですが．
美子：長々と説明があった割には内容がなかったように思います．
先生：そうですね．収束概念の説明がほとんどでした．しかし，基礎概念を身につけることは考えを進める上でとても大切です．

11.3 入出力過程の拡散近似

いよいよ，各 $r > 0$ に対して $T_n^{(r)}, U_n^{(r)}$ がそれぞれ一般の分布に従う場合に，$\widetilde{X}^{(r)}(t) \equiv A^{(r)}(t) - S(\rho t)$ の拡散尺度変換による極限を求めます．指数分布の場合には $\mathbb{E}(\widetilde{X}^{(r)}(1)) = \lambda^{(r)} - \mu^{(r)} = br$ を仮定しました．一般分布の場合にも同様な条件を仮定します．以下では，$T_n^{(r)}, U_n^{(r)}$ の分布を $F_e^{(r)}, F_s^{(r)}$ と表します．これから議論を進めていく上で使う条件を以下にまとめました．

(11a) $\{T_n^{(r)}; n \geq\}$ は独立で同一の分布 $F_a^{(r)}$ に従う確率変数列である．各 $T_n^{(r)}$ は有限な平均 $1/\lambda^{(r)}$ と有限な分散 $(\sigma_e^{(r)})^2$ をもつ．
(11b) $\{U_n^{(r)}; n \geq\}$ は独立で同一の分布 $F_s^{(r)}$ に従う確率変数列である．各 $U_n^{(r)}$ は有限な平均 $1/\mu^{(r)}$ と有限な分散 $(\sigma_s^{(r)})^2$ をもつ．
(11c) $\{U_n^{(r)}; n \geq\}$ と $\{T_n^{(r)}; n \geq\}$ は独立である．
(11d) $r \downarrow 0$ のとき，ある $\lambda, \mu, \sigma_e, \sigma_s > 0$ に対して $\lambda^{(r)} \to \lambda$，$\mu^{(r)} \to \mu$，$(\sigma_e^{(r)})^2 \to \sigma_e^2$，$(\sigma_s^{(r)})^2 \to \sigma_s^2$ であり，ある $b \in \mathbb{R}$ に対して，

$$\lim_{r \downarrow 0}(\mu^{(r)} - \lambda^{(r)})/r = b. \tag{11.3.1}$$

拡散尺度 $c(r) = 1/r^2$ により変換した $A^{(r)}(t), S^{(r)}(t), \widetilde{X}^{(r)}(t)$ を

$$A^{(r,1/r^2)}(t) = rA^{(r)}(t/r^2), \qquad S^{(r,1/r^2)}(t) = rS^{(r)}(t/r^2),$$

$$\widetilde{X}^{(r,1/r^2)}(t) = r\widetilde{X}^{(r)}(t/r^2) = r(A^{(r)}(t/r^2) - S^{(r)}(t/r^2))$$

により定義します．

一夫：先生，$\widetilde{X}^{(r)}(t)$ と $\widetilde{X}^{(r,1/r^2)}(t)$ の違いがいまいち分かりません．

美子：記号が良くありません．モデルの番号と尺度変換に同じ r を使っているので分かりにくいと思います．

先生：その通りですが，番号と尺度変換は共に r によって決まるので，他の記号を思いつきませんでした．添字の (r) と $(r,1/r^2)$ で違いを見分けて下さい．

$\widetilde{X}^{(r,1/r^2)}(t)$ の極限過程を求める方法として，中心極限定理を使うことが考えられます．実際よく行われる方法です．しかし，$\{A^{(r)}(t); t \geq 0\}$ と $\{S^{(r)}(t); t \geq 0\}$ は独立な確率過程ですが，連続時間ですので中心極限定理を直接使うことができません．

そこで，全く別の方法を使うことにします．これまで勉強してきたマルチンゲールと発展方程式を使います．このために，r 番目のモデルの状態 $\widetilde{X}^{(r)}(t)$ に補助的な状態を付け加えてマルコフ過程を作ります．マルコフ化するためには，各時刻で，それ以後の変化がその時刻より前の情報に関係なくその時刻における状態だけで決まる必要があります．そこで，時刻 t において，次の到着があるまでの時間 $R_e^{(r)}(t)$ とサービスが連続的に行われているとき現在のサービスが完了するまでの時間 $R_s^{(r)}(t)$ を補助変数として使います．数式で定義すると，

$$R_e^{(r)}(t) = a^{(r)}_{A^{(r)}(t)+1} - t, \qquad R_s^{(r)}(t) = u^{(r)}_{S^{(r)}(\rho^{(r)}t)+1} - t,$$

です．ここに，$a_n^{(r)} = T_1^{(r)} + T_2^{(r)} + \ldots + T_n^{(r)}$，$u_n^{(r)} = U_1^{(r)} + U_2^{(r)} + \ldots + U_n^{(r)}$ です．$R_e^{(r)}(0) = T_1^{(r)}$，$R_s^{(r)}(0) = U_1^{(r)}$ であり，$A^{(r)}(0) = S^{(r)}(0) = 1$ とします（時刻 0 で到着がありサービスが開始されたとする）．このとき，$\widetilde{X}^{(r)}(0) = 0$ であり，

$$W^{(r)}(t) \equiv (\widetilde{X}^{(r)}(t), R_e^{(r)}(t), R_s^{(r)}(t)), \qquad t \geq 0,$$

はマルコフ過程となります．

補題 9.5.2 を適用して発展方程式を導くために，パラメータ $\theta \in \mathbb{R}$ に対して，テスト関数を

$$f_\theta^{(r)}(x, y_e, y_s) = e^{\theta x + \eta^{(r)}(\theta) y_e + \zeta^{(r)}(\theta) y_s}, \qquad (x, y_e, y_s) \in \mathbb{R} \times \mathbb{R}_+^2,$$

により定義します．ここに，$\eta^{(r)}(\theta)$ と $\zeta^{(r)}(\theta)$ は θ の関数であり，補題 9.5.2 の条件 (9.5.4) を満たすように以下で決定します．

美子：いきなりのテスト関数の定義に戸惑っています．なぜパラメータ θ や $\eta^{(r)}(\theta), \zeta^{(r)}(\theta)$ が出てくるのか説明が必要だと思います．

先生：もっともな意見です．$r \downarrow 0$ の時 $\widetilde{X}^{(r)}(t)$ の分布が，平均 bt，分散 $\lambda^3(\sigma_e^2 + \rho^2\sigma_s^2)$ の正規分布に弱収束することを証明するために θ を変数とする積率母関数を使うためにこのテスト関数を選びました．

美子：テスト関数に指数関数を選んだ理由が少し分かってきました．しかし，$\eta^{(r)}(\theta)$ と $\zeta^{(r)}(\theta)$ は謎です．

一夫：僕も少し分かってきた気分になってきました．

先生：考えてくれて有難う．これから謎を解いて行きましょう．

$f_\theta^{(r)}(W^{(r)}(t))$ が変化する時刻 t_i は，ある j, k に対して $t_i = a_j^{(r)}$ または $t_i = u_k^{(r)}$ のいずれかが成り立つときです．$t_i = a_j^{(r)}$ ならば，$R_e^{(r)}(t_i) = T_j^{(r)}$，$R_e^{(r)}(t_i-) = 0$ であり，$t_i = u_k^{(r)}$ ならば，$R_s^{(r)}(t_i) = U_k^{(r)}$，$R_s^{(r)}(t_i-) = 0$ ですから，

$$
\begin{aligned}
&\Delta f_\theta^{(r)}(W^{(r)}(t_i)) \\
&= \begin{cases}
(e^{\theta+\eta^{(r)}(\theta)T_j^{(r)}} - 1)e^{\zeta^{(r)}(\theta)R_s^{(r)}(t_i)}, & \exists j, t_i = a_j^{(r)}, \forall k, t_i \neq u_k^{(r)}, \\
(e^{-\theta+\zeta^{(r)}(\theta)U_i^{(r)}} - 1)e^{\zeta^{(r)}(\theta)R_e^{(r)}(t_i)}, & \exists k, t_i = u_k^{(r)}, \forall j, t_i \neq a_j^{(r)}, \\
e^{\eta^{(r)}(\theta)T_i^{(r)}+\zeta^{(r)}(\theta)U_i^{(r)}} - 1, & \exists j, \exists k, t_i = a_j^{(r)} = u_k^{(r)},
\end{cases}
\end{aligned}
$$

が成り立ちます．また，$T_j^{(r)}, U_k^{(r)}$ は時刻 t_i 以前の状態と独立ですから，

$$
\mathbb{E}(e^{\theta+\eta^{(r)}(\theta)T_j^{(r)}} - 1) = 0, \qquad \mathbb{E}(e^{-\theta+\zeta(\theta)U_i^{(r)}} - 1) = 0,
$$

ならば，

$$
\mathbb{E}(\Delta f_\theta^{(r)}(W^{(r)}(t_i))|\mathcal{F}_{t_i-}) = 0
$$

です．したがって，

$$
\mathbb{E}(e^{\eta^{(r)}(\theta)T_j^{(r)}}) = e^{-\theta}, \qquad \mathbb{E}(e^{\zeta^{(r)}(\theta)U_i^{(r)}}) = e^{\theta}, \tag{11.3.2}
$$

となるように $\eta^{(r)}(\theta)$ と $\zeta^{(r)}(\theta)$ を選びます．このとき，条件 (9.5.4) が満たされます．$F_e^{(r)}, F_s^{(r)}$ の積率母関数を $\widehat{F}_e^{(r)}, \widehat{F}_s^{(r)}$ とすれば，(11.3.2) は，

$$\widehat{F}_e^{(r)}(\eta(\theta)) = e^{-\theta}, \qquad \widehat{F}_s^{(r)}(\zeta(\theta)) = e^{\theta}, \tag{11.3.3}$$

と書けます．これらの積率母関数が存在する θ に対して，$\widehat{F}_e^{(r)}(\theta), \widehat{F}_s^{(r)}(\theta)$ は θ の増加関数ですから，その逆関数を $(\widehat{F}_e^{(r)})^{-1}(\theta), (\widehat{F}_s^{(r)})^{-1}(\theta)$ とすると

$$\eta(\theta) = (\widehat{F}_e^{(r)})^{-1}(e^{-\theta}), \qquad \zeta(\theta) = (\widehat{F}_s^{(r)})^{-1}(e^{\theta}),$$

により $\eta(\theta)$ と $\zeta(\theta)$ を決めればよいことが分かります．

美子：ちょっと待って下さい．$\theta > 0$ のとき積率母関数が発散することはないのですか？

一夫：確かに，指数分布でも θ が大きいとき発散します．

先生：良いところに気がつきました．証明では θ が十分に小さいとき有限であり，θ を大きくするとき積率母関数が発散すれば十分です．指数分布はこれに当てはまります．しかし，すべてのモーメントが有限であってもどんな $\theta > 0$ 対しても発散する分布があります．これからこの問題点の解決法を説明します．

これらの式が十分に多くのの $\theta \in \mathbb{R}$ で成り立つようにするため，テスト関数の $R_e^{(r)}(t)$ と $R_s^{(r)}(t)$ を $R_e^{(r)}(t) \wedge 1/r$ と $R_s^{(r)}(t) \wedge 1/r$ に置き換えます．ここに，$u \wedge v = \min(u, v)$ を思い出して下さい．更に，条件 (11.3.2) を

$$\mathbb{E}(e^{\eta^{(r)}(\theta)(T_j^{(r)} \wedge 1/r)}) = e^{-\theta}, \qquad \mathbb{E}(e^{\zeta^{(r)}(\theta)(U_i^{(r)} \wedge 1/r)}) = e^{\theta}, \tag{11.3.4}$$

と変えます．この場合には $T_j^{(r)} \wedge 1/r$ と $U_j^{(r)} \wedge 1/r$ は有界ですので，その積率母関数はどんな $\theta \in \mathbb{R}$ に対しても有限です．しかし，この場合には，テスト関数の時間 t についての微分が $R_e^{(r)}(t) > 1/r$ と $R_s^{(r)}(t) > 1/r$ のとき 0 になるという問題が出てきます．この問題は，ある $\delta > 0$ に対して $\mathbb{E}((T_j^{(r)})^{2+\delta})$ と $\mathbb{E}((U_j^{(r)})^{2+\delta})$ が有限であれば取り除くことができます．これらを厳密に論じると複雑になるので，以下では，十分小さな $\theta > 0$ に対して $\eta^{(r)}(\theta)$ と $\zeta^{(r)}(\theta)$ が有限であると仮定します．

上記の仮定の下で話を進めます．$t \geq 0$ に対して，離散的にある不連続点を除くと $(R_e^{(r)})'(t) = -1$，$(R_s^{(r)})'(t) = -1$ ですから，$t \neq t_i$ ならば，

$$\frac{d}{dt} f_\theta^{(r)}(W^{(r)}(t)) = -(\eta^{(r)}(\theta) + \zeta^{(r)}(\theta)) f_\theta^{(r)}(W(t))$$

です．条件 (9.5.4) を満たすので，この結果と発展方程式 (9.5.5) から

$$\begin{aligned} & f_\theta^{(r)}(W^{(r)}(t)) - f_\theta^{(r)}(W^{(r)}(0)) \\ & \quad = -(\eta^{(r)}(\theta) + \zeta^{(r)}(\theta)) \int_0^t f_\theta^{(r)}(W^{(r)}(u)) du + M_\theta^{(r)}(t) \end{aligned} \tag{11.3.5}$$

が得られます．ここに，$M_\theta^{(r)}(t)$ は $\mathcal{F}_t$ マルチンゲールです．

一夫：計算の一つ一つは何となく分かりますが，どこへ行くのかわからない迷子になっています．

美子：こういう難しそうな話には何か説明できる理由があるのでは．理由についての説明がないので，わかりにくくなっていると思います．

先生：いつも鋭いですね．実際に発展方程式に $\eta^{(r)}(\theta)$ や $\zeta^{(r)}(\theta)$ が出てくる必然性があります．しかし，その説明には別の理論が必要です．12 章で少し触れます（(12.2.5) 参照）．しばらく辛抱して下さい．

次に拡散尺度を適用します．このめに，(11.3.5) において θ に $r\theta$ を，t に t/r^2 を代入すると

$$\begin{aligned} & f_{r\theta}^{(r)}(W^{(r)}(t/r^2)) - f_{r\theta}^{(r)}(W^{(r)}(0)) \\ & \quad = -(\eta^{(r)}(r\theta) + \zeta^{(r)}(r\theta)) \int_0^{t/r^2} f_{r\theta}^{(r)}(W^{(r)}(u)) du + M_{r\theta}^{(r)}(t/r^2) \end{aligned}$$

ですから，

$$W^{(r,1/r^2)}(t) = r(\widetilde{X}^{(r)}(t/r^2), R_e^{(r)}(t/r^2), R_s^{(r)}(t/r^2))$$

とおき，右辺の積分項において変数変換を行うと

$$f_{r\theta}^{(r)}\Big(\frac{1}{r} W^{(r,1/r^2)}(t)\Big) - f_{r\theta}^{(r)}\Big(\frac{1}{r} W^{(r,1/r^2)}(0)\Big)$$

$$= -\frac{1}{r^2}(\eta^{(r)}(r\theta) + \zeta^{(r)}(r\theta)) \int_0^t f_{r\theta}^{(r)}\Big(\frac{1}{r}W^{(r,1/r^2)}(u)\Big)du + M_{r\theta}^{(r)}(t/r^2)$$

が得られます．この式の期待値を取ります．記号を簡略化するために

$$\varphi_\theta^{(r)}(t) = \mathbb{E}\Big[f_{r\theta}^{(r)}\Big(\frac{1}{r}W^{(r,1/r^2)}(t)\Big)\Big],$$

とおいて期待値を取ると，$\mathbb{E}(M_{r\theta}(t/r^2)) = 0$ より，

$$\varphi_\theta^{(r)}(t) - \varphi_\theta^{(r)}(0) = -\frac{1}{r^2}(\eta^{(r)}(r\theta) + \zeta^{(r)}(r\theta)) \int_0^t \varphi_\theta^{(r)}(u)du \qquad (11.3.6)$$

です．(11.3.6) の両辺を $t \geq 0$ で微分（$t = 0$ のときは右微分）すると，微分方程式：

$$(\varphi_\theta^{(r)})'(t) = -\frac{1}{r^2}(\eta^{(r)}(r\theta) + \zeta^{(r)}(r\theta))\varphi_\theta^{(r)}(t), \qquad t \geq 0,$$

が得られます．この微分方程式の解は，両辺を $\varphi_\theta^{(r)}(t)$ で割り，積分すれば，

$$\varphi_\theta^{(r)}(t) = \varphi_\theta^{(r)}(0)e^{-\frac{1}{r^2}(\eta^{(r)}(r\theta)+\zeta^{(r)}(r\theta))t}, \qquad t \geq 0, \qquad (11.3.7)$$

となります．この式で $r \downarrow 0$ とすれば $\varphi_\theta^{(r)}(t)$ の極限が求まり，$\widetilde{X}^{(r,1/r^2)}(t)$ の極限分布が得られます．しかし，このためには $\frac{1}{r^2}(\eta^{(r)}(r\theta) + \zeta^{(r)}(r\theta))$ と $\varphi_\theta^{(r)}(0)$ の極限を求めることが必要です．初めに $\eta^{(r)}(\theta)$ と $\zeta^{(r)}(\theta)$ の極限を $\theta = 0$ におけるテーラー展開を使って計算します．

補題 11.3.1. $\theta \to 0$ のとき，

$$\eta^{(r)}(\theta) = -\lambda^{(r)}\theta - \frac{1}{2}(\lambda^{(r)})^3(\sigma_e^{(r)})^2\theta^2 + o(\theta^2), \qquad (11.3.8)$$

$$\zeta^{(r)}(\theta) = \mu^{(r)}\theta - \frac{1}{2}(\mu^{(r)})^3(\sigma_s^{(r)})^2\theta^2 + o(\theta^2) \qquad (11.3.9)$$

が成り立つので，次式が得られる．

$$\lim_{r\downarrow 0} -\frac{1}{r^2}(\eta^{(r)}(r\theta) + \zeta^{(r)}(r\theta)) = -b\theta + \frac{1}{2}(\lambda^3\sigma_e^2 + \mu^3\sigma_s^2)\theta^2. \qquad (11.3.10)$$

証明 (11.3.3) の最初の式の両辺を θ で微分すると，

$$(\eta^{(r)})'(\theta)(\widehat{F}_e^{(r)})'(\eta(\theta)) = -e^{-\theta}$$

であり，更に微分すると

$$(\eta^{(r)})''(\theta)(\widehat{F}_e^{(r)})'(\eta(\theta)) + ((\eta^{(r)})'(\theta))^2(\widehat{F}_e^{(r)})''(\eta(\theta)) = e^{-\theta}$$

です．したがって，$\theta = 0$ とすると，$\eta^{(r)}(0) = 0$ より，

$$(\eta^{(r)})'(0) = -\frac{1}{(\widehat{F}_e^{(r)})'(0)} = -\frac{1}{\mathbb{E}(T_1^{(r)})} = -\lambda^{(r)},$$

$$\begin{aligned}(\eta^{(r)})''(0) &= -\frac{((\eta^{(r)})'(0))^2(\widehat{F}_e^{(r)})''(0) - 1}{(\widehat{F}_e^{(r)})'(0)} \\ &= -\frac{1}{(\mathbb{E}(T_1^{(r)}))^3}[\mathbb{E}((T_1^{(r)})^2) - \mathbb{E}^2(T_1^{(r)})] = -(\lambda^{(r)})^3(\sigma_e^{(r)})^2,\end{aligned}$$

が得られます．よって，テーラー展開により，(11.3.8) が示されました．同様にして，(11.3.9) も示されます．条件 (11d) より，$r \downarrow 0$ のとき $(\lambda^{(r)} - \mu^{(r)})/r \to b$ ですから，(11.3.10) が得られます．∎

次に，$\varphi_\theta^{(r)}(0)$ の極限を求めると，$\widetilde{X}^{(r)}(0) = 0$, $\eta^{(r)}(r\theta) \to 0$, $\zeta^{(r)}(r\theta) \to 0$ ですから，

$$\begin{aligned}\lim_{r\downarrow 0}\varphi_\theta^{(r)}(0) &= \lim_{r\downarrow 0}\mathbb{E}\Big[e^{\theta r\widetilde{X}^{(r)}(0)+\eta^{(r)}(r\theta)R_e^{(r)}(0)+\zeta^{(r)}(r\theta)R_s^{(r)}(0)}\Big] \\ &= \lim_{r\downarrow 0}\mathbb{E}\Big[e^{\eta^{(r)}(r\theta)T_1^{(r)}+\zeta^{(r)}(r\theta)U_1^{(r)}}\Big] = 1\end{aligned}$$

です．この結果と補題 11.3.1 を (11.3.7) へ適用すると

$$\lim_{r\downarrow 0}\varphi_\theta^{(r)}(t) = e^{-bt\theta+\frac{1}{2}(\lambda^3\sigma_e^2+\mu^3\sigma_s^2)t\theta^2}, \qquad t \geq 0, \tag{11.3.11}$$

が得られます．この式の右辺は平均が $-bt$，分散が $(\lambda^3\sigma_e^2 + \mu^3\sigma_s^2)t$ の正規分布の積率母関数です（演習問題 6.1(a) 参照）．一方，$\widetilde{X}^{(r,1/r^2)}(t)$ の積率母関数を $g_t^{(r)}(\theta)$ とすると

$$\varphi_\theta^{(r)}(t) - g_t^{(r)}(\theta) = \mathbb{E}\Big[e^{\theta\widetilde{X}^{(r,1/r^2)}(t)}(e^{\eta^{(r)}(r\theta)R_e^{(r)}(t/r^2)+\zeta^{(r)}(r\theta)R_s^{(r)}(t/r^2)} - 1)\Big]$$

です．これまで，θ は実数でしたが，θ を $\imath\theta$ に置き換えても同じ結果が得られます．$\eta^{(r)}$ と $\zeta^{(r)}$ の定義に関して複素関数論が必要なため，論理的な飛躍がありますが，感覚的に納得してもらえれば十分です．このとき，$|e^{\imath\theta X^{(r,1/r^2)}(t)}| \leq 1$ ですから，上記の式より，

$$\lim_{r\downarrow 0}|\varphi_{\imath\theta}^{(r)}(t) - g_t^{(r)}(\imath\theta)| \leq \lim_{r\downarrow 0}\mathbb{E}\big[|(e^{\eta^{(r)}(\imath r\theta)R_e^{(r)}(t/r^2)+\zeta^{(r)}(\imath r\theta)R_s^{(r)}(t/r^2)} - 1|\big] = 0$$

です．これと (11.3.11) より，

$$\lim_{r\downarrow 0} g_t^{(r)}(i\theta) = e^{-\imath bt\theta - \frac{1}{2}(\lambda^3\sigma_e^2+\mu^3\sigma_s^2)t\theta^2}, \qquad t \geq 0, \tag{11.3.12}$$

です．よって，$r\downarrow 0$ のとき $\widetilde{X}^{(r,1/r^2)}(t)$ の特性関数が平均が $-bt$，分散が $(\lambda^3\sigma_e^2 + \mu^3\sigma_s^2)t$ の正規分布の特性関数に収束します．ここで次の事実を使います（証明は省くが，(i) と (ii) の同値性は定理 11.2.1 の特別な場合です）．

補題 11.3.2. $\mathbb{R}$ 上の確率分布の列 $\{F_n; n = 1, 2, \ldots\}$ と分布 F に対して，次の 3 条件は同値である．

(i) $F(x)$ のすべての連続点 $x \in \mathbb{R}$ に対して，

$$\lim_{n\to\infty} F_n(x) = F(x).$$

(ii) F に従う確率変数 X と F_n に従う確率変数 X_n で

$$\lim_{n\to\infty} X_n = X$$

が確率 1 で成り立つものが存在する．

(iii) F_n の特性関数を $\varphi_n(\theta)$，F の特性関数を $\varphi(\theta)$ とするとき，

$$\lim_{n\to\infty} \varphi_n(\theta) = \varphi(\theta), \qquad \theta \in \mathbb{R}. \tag{11.3.13}$$

この補題と (11.3.12) より，$\{B_{0,1}(t); t \geq 0\}$ を標準ブラウン運動とするとき，

$$B(t) = -\sigma B_{0,1}(t); \qquad t \geq 0,$$

によりブラウン運動 $\{B(t); t \geq 0\}$ を定義するならば,

$$\lim_{r\downarrow 0} \mathbb{P}(\widetilde{X}^{(r,1/r^2)}(t) \leq x) = \mathbb{P}(B(t) \leq x), \qquad x \in \mathbb{R}.$$

この結果を基に，$0 \leq s < t$ を満たす s, t に対して，条件 $\{\widetilde{X}^{(r,1/r^2)}(s) = x\}$ の下で時間区間 $[s, t]$ で同様な計算を行うと，$x, y \in \mathbb{R}$ に対して，

$$\lim_{r\downarrow 0} \mathbb{P}(\widetilde{X}^{(r,1/r^2)}(t) \leq y | \widetilde{X}^{(r,1/r^2)}(s) = x) = \mathbb{P}(B(t) \leq y | B(s) = x).$$

この計算を繰り返すと，任意の $n \geq 1$ と $0 \leq s_1 < s_2 < \ldots < s_n$ に対して，

$$(\widetilde{X}^{(r,1/r^2)}(s_1), \widetilde{X}^{(r,1/r^2)}(s_2), \ldots, \widetilde{X}^{(r,1/r^2)}(s_n)) \text{ の結合分布}$$
$$\xrightarrow{w} (B(s_1), B(s_2), \ldots, B(s_n)) \text{ の結合分布}$$

が成り立ちます．更に $\{\widetilde{X}^{(r,1/r^2)}(\cdot); n \geq 1\}$ のタイト性を示すことができ，確率過程 $\{\widetilde{X}^{(r,1/r^2)}(t); t \geq 0\}$ がブラウン運動 $\{B(t); t \geq 0\}$ へ弱収束することが証明できます．すなわち，拡散近似の極限過程はブラウン運動となることが分ります．更に，定理 11.2.1 により，各標本 $\omega \in \Omega$ ごとに関数 $\widetilde{X}^{(r,1/r^2)}(t)$ が関数 $B(t)$ へ確率 1 で収束するような確率過程 $\{\widetilde{X}^{(r,1/r^2)}(t); t \geq 0\}$ とブラウン運動 $\{B(t); t \geq 0\}$ を選ぶことができます．

一夫：いろいろなことを勉強しないと理解できないことが分かりました．

美子：確かに基礎的な結果を知らないと難しい話ですね．個々の計算は難しく見えませんでしたが，証明が長くて疲れました．もしかして，先生は発展方程式を使いたいためにわざわざ大変な計算をされたのですか？

先生：中心極限定理を使う証明もありますが，ポアソン過程の場合を除くと簡単ではありません．確かに，発展方程式にこだわりすぎたかもしれませんが，これまで余り研究されていない方法です．問題を異なる角度から見ようという思いがありました．

11.4 反射型入出力過程の拡散近似

これまでの結果から，適切な入出力過程 $\widetilde{X}^{(r,1/r^2)}(\cdot) \equiv \{\widetilde{X}^{(r,1/r^2)}(t); t \geq 0\}$ を選ぶと，$r \downarrow 0$ のときブラウン運動 $B(\cdot) \equiv \{B(t); t \geq 0\}$ へ確率 1 で収

束することが分かりました．この結果から，10.3 節で述べた反射型確率過程 $\{(X(t), Y(t), Z(t)); t \geq 0\}$ に対しても，各 $r > 0$ に対して $A(t), S(t)$ を $A^{(r)}(t), S^{(r)}(t)$ に置き換えて拡散尺度変換した $\{X^{(r,1/r^2)}(t); t \geq 0\}$ もブラウン運動 $B(\cdot)$ へ弱収束することが予想されます．

このとき，(10.3.5) と (10.3.6) から，$(Z(t), Y(t))$ を拡散尺度変換した確率過程 $\{(Y^{(r,1/r^2)}(t), Z^{(r,1/r^2)}(t)); t \geq 0\}$ に対して，

$$Z^{(r,1/r^2)}(t) = Z^{(r,1/r^2)}(0) + X^{(r,1/r^2)}(t) + Y^{(r,1/r^2)}(t) \tag{11.4.1}$$

$$\int_0^t Z^{(r,1/r^2)}(u)dY^{(r,1/r^2)}(u) = 0, \qquad t \geq 0. \tag{11.4.2}$$

が成り立ちます．したがって，定理 10.3.1 より，

$$Z^{(r,1/r^2)}(\cdot) = \Phi(X^{(r,1/r^2)}(\cdot)), \qquad Y^{(r,1/r^2)}(\cdot) = \Psi(X^{(r,1/r^2)}(\cdot)),$$

により，$Z^{(r,1/r^2)}(\cdot)$ と $Y^{(r,1/r^2)}(\cdot)$ が $X^{(r,1/r^2)}(\cdot)$ の関数として求まります．次に $r \downarrow 0$ とすると，$X^{(r,1/r^2)}(\cdot)$ は $B(\cdot)$ へ確率 1 で収束することと，Φ がリプシッツ連続であることから，$Z^{(r,1/r^2)}(\cdot)$ の確率分布が $\Phi(B(\cdot))$ の確率分布へ収束します．

以上をまとめると，条件 (11a)–(11d) の下で，拡散尺度過程 $Z^{(r,1/r^2)}(\cdot)$ は，ブラウン運動 $B(t) = -bt + \sqrt{(\lambda^3\sigma_e^2 + \mu^3\sigma_s^2)t}B_{0,1}(t)$ に対して，

$$\widetilde{Z}(t) = \widetilde{Z}(0) + B(t) + \widetilde{Y}(t) \geq 0, \tag{11.4.3}$$

$$\int_0^t \widetilde{Z}(u)d\widetilde{Y}(u) = 0, \qquad t \geq 0, \tag{11.4.4}$$

の解として得られる $\widetilde{Z}(\cdot)$ へ弱収束します．

一夫：いろいろな定義や記号が出てきて戸惑いました．

美子：位相の考え方や反射型入出力過程の拡散近似の筋道は何となくわかりましたが，具体例がなかったのは残念でした．

先生：実は，役立つ考え方を説明しただけで，役立つ結果まで到達していません． 仮定より，$r \downarrow 0$ のとき $\lambda^{(r)} - \mu^{(r)} \to 0$ です．以前これを重負荷条件と呼びました．この条件は窓口 1 つの待ち行列モデルにおいて，

平均到着率と平均サービス率が等しくなることを意味しているので，非常に混雑した状況を表しています．現実から離れている様にも見えますが，利用率 ρ が 0.9 を超えるような場合にはかなりよい近似となることが知られています．近似として役立つことと解析的に簡単になるため現在も研究が盛んに行われています．

11.5　演習問題

11.1 (11.2.1) で定義された ξ について，

(a) 距離であることを示せ．

(b) 整数 n に対して，$C([0,n])$ を区間 $[0,n]$ から $\mathbb{R}$ への連続関数の集合とする．$f,g \in C([0,n])$ に対して $\xi_n(f,g) = \|f-g\|_n$ により $C([0,n])$ 上に距離 ξ_n を定義する．距離空間 $C([0,n])$ が可分であることを証明せよ．

(c) ξ を距離とする $C(\mathbb{R}_+)$ が可分であることを証明せよ．

11.2 $\{B_{0,1}(t); t \geq 0\}$ が標準ブラウン運動であるとき，$B(t) \equiv -bt + \sigma B_{0,1}(t)$ もブラウン運動であることを確認せよ

第 12 章

稀少事象と測度変換

一夫：先生，最終回です．だんだん難しくなってきたので，今回はやさしい話をしてください．

先生：いきなり注文ですか．それにしてもうれしそうですね．

美子：先生はこれまでいろいろな話題で注意を引きながら，結局確率論の基礎概念が必要なことを強調されてきました．私たちは確率論の専門家になるわけではありませんので，基礎概念ではなく日常役立つ知識がほしいのです．

先生：なかなかきつい注文ですね．本当に役立つ知識は簡単には得られないと思いますが，今回は確率現象の理解について，非常に小さな確率でしか起こらない現象を例にして説明しましょう．

12.1 コイン投げ再考

最初に簡単な例から始めます．表が出る確率が $\frac{1}{2}$ であるのコインを 30 回投げたときすべて表である確率は $\left(\frac{1}{2}\right)^{30} = \left(\frac{1}{2}\right)^{30} = \left(\frac{1}{1024}\right)^{3} \cong 10^{-9}$ です．普通は，このような 0 に近い確率の場合には，ほとんど起こらない事象と見なされています．しかし，どんな小さな確率の事象でも起こる可能性はあります．起こる確率が非常に小さい事象の起こり方について考えてみましょう．

まず，29 回連続して表が起こった場合に，30 回続けて表となる条件付き確率は $\frac{1}{2}$ です．これは起こりにくい事象であるとは言えません．同様に 28

回連続して表が起こった場合に，29回続けて表となる条件付き確率も $\frac{1}{2}$ です．このようにして，1回1回の起こり方を見ていくと，連続して表となる条件付き確率はいつも $\frac{1}{2}$ です．つまり，起こりにくい事象も個々に見ていくと起こりにくい事象ではありません．したがって，30回も続けて表が出ることも確かに起こりえるのです．一方において，30個のコインを同時に投げたときすべて表となることはとても考えられません．しかし，どちらも同じ確率で起こるのです．これは同じまたは同等な事象であっても見方を変えると起こりやすさの解釈が変わってくることを意味しています．

この見方はどの確率測度の下で事象を考えているのかと言い換えることができます．初めの1回1回の起こり方を見るのは1回ごとに結果を見て確率測度を変えています．もう一つの重要な点は，同時にコインを投げるには投げる個数だけのコインが必要ですが，1回ごとに結果を見て投げる場合には1個のコインで済むことです．これはコインを投げる回数に制限がないことを意味しています．これはとても重要な点です．なぜならば，コインを投げ続けることによって連続して起こる確率がどのように小さくなるかを見ることできるからです．

美子：確率が小さいとその事象だけに注目してしまいがちですが，確率が事象の変化に対してどのように変わるかを見ることも大事であるということでしょうか．

一夫：そうか，まさに確率過程か．

先生：その通りです．しかし，変化していく確率を求めることは，いつもコインを投げるように簡単には行きません．少し詳しく説明しましょう．

コイン投げの場合と違い，実際の現象は変化を引き起こす仕組みが複雑です．この仕組みを表す方法としてで6章では発展方式を説明しました．また，引き続いて，7,8章でマルコフ連鎖を紹介しました．大ざっぱな言い方ですが，注目している事象の背後に何か複雑な確率過程があるのです．例えば，サービス窓口で長い待ち行列できるのは，サービス時間や到着時刻のランダムさが積み重なった結果です．それでも，コイン投げの例は，小さな確率の事象の場合にどうすればよいかを考える上で2つのヒントを与えています．

1つは事象を単独では考えずに事象の列と見ることです．例えば，番号 n を振って A_n のように事象を表します．2つ目はこの事象 A_n の確率 $\mathbb{P}(A_n)$ が n を大きくしたときにどのように変化するかを調べることです．特に，$\mathbb{P}(A_n)$ が0に近づく様子を調べるための理論があり，大偏差値理論と呼ばれています．番号 n より，実数 x で並べた方が都合がよい場合もあります．このときは，事象列を $\{A_x; x>0\}$ により表し，$x\to\infty$ のときの $\mathbb{P}(A_x)$ の変化を調べます．

12.2　稀少事象列の漸近確率

これからは，起こる確率が0に近づくような事象の列を稀少事象列と呼ぶことにします．例として，実数を値に取るランダムウォークについて考えてみましょう．これは離散時間の確率過程で各時刻での変化量が独立同一の分布に従うものです．すなわち，独立で同一の分布に従う確率変数の列 $U_1, U_2, \ldots$ があり，時刻 n での状態 X_n が

$$X_n = X_{n-1} + U_n, \qquad n \geq 1,$$

を満たす確率過程です．U_n の分布は n に依存しないので，U_n の分布や期待値を表すときには n を省いて，U_n を U と表し，その分布関数を F とします．ます．X_0 は出発時点を表しています．これからの話では出発点の位置は本質的でないので，$X_0=0$ とします．

このランダムウォークが負の方向に向かうとき，すなわち，$\mathbb{E}(U)<0$ のときに，大きな値に到達する確率を求めることが問題です．このとき，大数の法則により，

$$\lim_{n\to\infty}\frac{X_n}{n} = \lim_{n\to\infty}\frac{1}{n}\left(X_0+U_1+\ldots+U_n\right) = \mathbb{E}(U) < 0 \qquad (12.2.1)$$

が確率1で成り立ちます．したがって，$n\to\infty$ のとき $X_n\to-\infty$ が確率1で成り立ち，$X_n>0$ となる n は有限個しかありません．

実数 $x>0$ に対して，ランダムウォークが x より大きな値に到達する事象を A_x と表します．すなわち，

$$A_x = \{\omega \in \Omega; \max_{n\geq 0} X_n(\omega) > x\}$$

です．$X_n > 0$ となる n は有限個ですから，$\max_{n\geq 0} X_n(\omega)$ の値は有限です．したがって，x を大きくすると，x は $\max_{n\geq 0} X_n(\omega)$ を超えるので，

$$\lim_{x\to\infty} \mathbb{P}(A_x) = 0$$

であり，$\{A_x; x > 0\}$ は稀少事象列です．ここで，問題です．$x \to \infty$ のとき $\mathbb{P}(A_x)$ はどのように 0 に近づくのでしょうか．

一夫：余り根拠はありませんが，x をコイン投げの回数に対応させて，指数関数的に減少するというのはどうでしょう．

美子：賛成です．理由は，各時刻において値が更に大きくなるのはコインを投げるのと同じように独立な事象と考えられるからです．

先生：ほぼ正解です．しかし，コインを投げるのと同じようにというのは間違いではありませんが，ちょっと苦しい説明ですね．この問題は U の分布関数 F により答えが違ってきます．詳しく説明しましょう．

事象 A_x の定義と $X_0 = 0$ であることから，

$$\mathbb{P}(A_x) = \mathbb{P}\left(\cup_{n\geq 1}\{X_n > x\}\right) \geq \mathbb{P}(X_1 > x) = \mathbb{P}(U > x) \tag{12.2.2}$$

です．したがって，$\mathbb{P}(A_x)$ の減少は $\mathbb{P}(U > x)$ の減少より遅くなります．例えば，$\mathbb{P}(U > x) = (x+1)^{-2}$ ならば，$\mathbb{P}(A_x)$ は指数関数的には減少しません．これはコイン投げの場合と異なることを表していますが，1回のコイン投げでたくさんの表が出ると思えば，本質的違いではありません．

一般に，$\mathbb{E}(e^{\theta U}) < \infty$ である $\theta > 0$ が存在するならば，U の分布 F は軽い裾をもつと言います．これに対して，そのような $\theta > 0$ が存在しないならば，U の分布 F は重い裾を持つと言います．

$\mathbb{P}(A_x)$ が指数的に減少する場合について調べましょう．(12.2.2) 式より，U が重い裾をもつ場合には，$\mathbb{P}(A_x)$ は指数的に減少しません．したがって，指数的に減少するためには，U が軽い裾をもつことが必要です．これを仮定します．このとき，ある $\theta_0 > 0$ があって $\mathbb{E}(e^{\theta_0 U}) < \infty$ です．実数 θ に対し

て $\widehat{F}(\theta)=\mathbb{E}\left(e^{\theta U}\right)$ とおきます．$0\le\theta\le\theta_0$ ならば $\widehat{F}(\theta)$ は有限です．$\widehat{F}(\theta)$ が有限であるような θ の上限を θ_∞ とし，

$$\lim_{\theta\uparrow\theta_\infty}\widehat{F}(\theta)=\infty \tag{12.2.3}$$

が成り立つとします．この条件はどんな U の分布でも成り立つわけではありませんが，よく使う多くの分布で成り立つことが知られています．

次に，x が大きいとき，$\mathbb{P}(A_x)$ が $ce^{-\alpha x}$ で近似できることを予想して，

$$\lim_{x\to\infty}e^{\alpha x}\mathbb{P}(A_x)=c \tag{12.2.4}$$

となる $\alpha>0$ と $c>0$ があると仮定します．このとき，$\mathbb{P}(A_x)$ は指数的に率 α で減少すると言います．この α を求めてみましょう．

初めに，$x>0$ のとき $\mathbb{P}(A_x)=\mathbb{P}\left(\max_{n\ge1}X_n>x\right)$ であることに注意します．一方，

$$\max_{n\ge1}X_n=X_1+\max_{n\ge1}(X_n-X_1)$$

であり，$\max_{n\ge1}(X_n-X_1)$ は $\max_{n\ge0}X_n$ と同じ分布を持ちます．また，$F(x)=\mathbb{P}(U\le x)=\mathbb{P}(X_1\le x)$ ですから，

$$\begin{aligned}\mathbb{P}\left(\max_{n\ge1}X_n>x\right)&=\int_{-\infty}^{+\infty}\mathbb{P}\left(\max_{n\ge0}X_n>x-u\right)dF(u)\\&=\int_{-\infty}^{+\infty}\mathbb{P}\left(A_{x-u}\right)dF(u)\end{aligned}$$

です．この式の両辺に $e^{\alpha x}$ をかけて，$x\to\infty$ とすると，(12.2.4) より，

$$\begin{aligned}c&=\lim_{x\to\infty}e^{\alpha x}\mathbb{P}\left(A_x\right)=\lim_{x\to\infty}\int_{-\infty}^{+\infty}e^{\alpha(x-u)}\mathbb{P}\left(A_{x-u}\right)e^{\alpha u}dF(u)\\&=\int_{-\infty}^{+\infty}\lim_{x\to\infty}e^{\alpha(x-u)}\mathbb{P}\left(A_{x-u}\right)e^{\alpha u}dF(u)=ch(\alpha)\end{aligned}$$

であり，

$$\widehat{F}(\alpha)=1 \tag{12.2.5}$$

が得られます．似た式がどこかで出てきたことを憶えていますか．

一夫：11章で出てきたような気がします．

美子：ちょっと違うけれど (11.3.2) でしょうか．

先生：正解です．(11.3.2) の第1式と第2式を各辺ごとに掛け合わせ，$\eta(\theta) = \zeta(\theta) = \alpha$ とすれば，$\mathbb{E}(e^{\alpha(T_j^{(r)}+U_k^{(r)})}) = 1$ ですから，$U = T_j^{(r)} + U_k^{(r)}$ とすれば，(12.2.5) と一致します．

美子：何か偶然とは思えません．

先生：11章で $\eta(\theta)$ と $\zeta(\theta)$ の意味を説明できませんでしたが，これらは実は稀少事象の減少率と関係しています．話し出すと長くなりますので，先に進みましょう．

次に，(12.2.5) を満たす $\alpha > 0$ が唯1つ存在することを確認しましょう．まず，$0 \le \theta < \theta_\infty$ に対して，

$$\widehat{F}''(\theta) = \mathbb{E}\left(U^2 e^{\theta U}\right) > 0$$

ですから，$\widehat{F}(\theta)$ は下向きに凸な関数です．$\widehat{F}(0) = 1$，$\widehat{F}'(0) = \mathbb{E}(U) < 0$ であり，$\theta \to \theta_\infty$ のとき，$\widehat{F}(\theta) \to \infty$ ですから，(12.2.5) を満たす $\alpha > 0$ が確かに唯1つ存在します．また，この α に対して，$\widehat{F}'(\alpha) > 0$ です．

12.3　指数的減少の証明

これまで仮定してきた指数的減少 (12.2.4) を次の形で証明しましょう．

定理 12.3.1. ランダムウォーク $\{X_n; n \ge 0\}$ に対して，(12.2.5) を満たす $\alpha > 0$ が存在し，U がある定数 d の整数倍とならないならば，(12.2.4) が成り立つ．

この定理の証明はちょっと長くなりますが，稀少事象列の確率を計算するための重要な方法を含んでいますので，詳しく述べます．

これまでは，確率測度 $\mathbb{P}$ の下で，$\mathbb{E}(U) < 0$ を仮定し X_n や $A_x \equiv \{\max_{n\ge 0} X_n > x\}$ について考えてきました．大数の法則 (12.2.1) より，$n \to \infty$ のとき $X_n \to -\infty$ ですから，$\max_{n\ge 0} X_n$ はある有限な n_0 に対する X_{n_0} に一致します．しかし，n_0 は確率変数でありその分布を求めることは

困難です．さあ，どうすればよいでしょうか？

一夫：これまで学んだことから推測すると発展方程式とマルチンゲールが関係ありそうですが，どうしたらよいか全く分かりません．

美子：先生がわざわざ確率測度 $\mathbb{P}$ の下でと言っていることが気になります．$\mathbb{P}$ をどうにかするのかしら．

先生：良い点を突いています．マルチンゲールを使って $\mathbb{P}$ を都合の良い確率測度に置き換えることを考えます．

これまでマルチンゲールは連続時間のときのみ定義しました (定義 9.2.1)．離散時間のときも同様ですが，確認のため定義を述べます．

定義 12.3.1. 実数値をとる確率過程 $\{M_n; t \geq 0\}$ が，離散時間型のフィルトレーション $\mathbb{F}_d \equiv \{\mathcal{F}_n; n \geq 0\}$ に適合し，各 $n \geq 0$ に対して $\mathbb{E}(|M_n|) < \infty$ であり，

$$\mathbb{E}(M_{n+1}|\mathcal{F}_n) = M_n, \qquad \forall n \geq 0, \tag{12.3.1}$$

を満たすならば，$\{M_n; n \geq 0\}$ を $\mathbb{F}_d$-離散時間マルチンゲールと呼ぶ．

ここで，ちょっと天下り的ですが，$n \geq 0$ に対して $\mathcal{F}_n = \sigma(X_0, X_1, \ldots, X_n)$ とおき，フィルトレーション $\mathbb{F}_d = \{\mathcal{F}_n; n \geq 0\}$ を定義します．ここでは，確率過程 $\{X_n; n \geq 0\}$ のみ考えていますが，一般に $\mathcal{F}$ は必ずしも $\sigma(\cup_{n=1}^{\infty} \mathcal{F}_n)$ と一致しない（演習問題 12.2 参照）ので，$\mathcal{F} = \sigma(\cup_{n=1}^{\infty} \mathcal{F}_n)$ と仮定します．このとき，

$$M_n = e^{\alpha X_n}, \qquad n \geq 0,$$

とおくと，$\mathbb{E}(M_n)$ は有限であり，

$$\mathbb{E}(M_{n+1}|\mathcal{F}_n) = \mathbb{E}(e^{\alpha(X_n+U_{n+1})}|\mathcal{F}_n) = e^{\alpha X_n}\mathbb{E}(e^{\alpha U_{n+1}}) = M_n$$

ですから，$\{M_n; n \geq 0\}$ は $\mathbb{F}$-マルチンゲールです．このマルチンゲールは $\mathbb{E}(M_n) = \mathbb{E}(M_0) = 1$ であることと，$M_n > 0$ であることが特徴的です．

美子：マルチンゲールの期待値は 0 と思い込んでいましたが，確かに期待値

が0と決めてはいませんでした．しかし，$X_n \to -\infty$ ですから，$e^{\alpha X_n}$ がマルチンゲールになるのは何か不思議な感じがします．

先生：なかなか鋭いですね．期待値のマジックと，$\widehat{F}(\alpha) = 1$ となる α を選んだ点がみそです．

一夫：マジックにはかかるしかありません．

いよいよ，$\mathbb{P}$ から新しい確率測度を作ります．初めに，$\mathcal{F}_n$ から $[0,\infty)$ への関数 $\widetilde{\mathbb{P}}_n$ を

$$\widetilde{\mathbb{P}}_n(A) = \mathbb{E}(1_A M_n), \qquad A \in \mathcal{F}_n, \tag{12.3.2}$$

により定義します．$\widetilde{\mathbb{P}}_n(\Omega) = \widetilde{\mathbb{E}}(M_n) = 1$ ですから，$\widetilde{\mathbb{P}}_n$ が $(\Omega, \mathcal{F}_n)$ 上の確率測度であることが確認できます（演習問題12.1）．更に，$A \in \mathcal{F}_{n-1}$ に対して，$\mathcal{F}_{n-1} \subset \mathcal{F}_n$ より $A \in \mathcal{F}_n$ ですから，

$$\widetilde{\mathbb{P}}_n(A) = \mathbb{E}(1_A M_n) = \mathbb{E}(1_A \mathbb{E}(M_n|\mathcal{F}_{n-1})) = \mathbb{E}(1_A M_{n-1}) = \widetilde{\mathbb{P}}_{n-1}(A)$$

です．従って，$\widetilde{\mathbb{P}}_n$ は $\widetilde{\mathbb{P}}_{n-1}$ を $\mathcal{F}_{n-1}$ から $\mathcal{F}_n$ へ拡張した確率測度です．さらに，$n \to \infty$ とすると $\mathcal{F} = \sigma(\cup_{n=1}^{\infty} \mathcal{F}_n)$ より，$(\Omega, \mathcal{F})$ 上の確率測度 $\widetilde{\mathbb{P}}$ へ拡張できます（カラテオドリ (Carathéodory) の拡張定理，[5] 参照）．

一夫：マジックに拍手です．

美子：$\widetilde{\mathbb{P}}$ 上で問題を考えるようということだと思いますが，どうして役立つのか今ひとつ見えてきません．

先生：これから説明します．

$\widetilde{\mathbb{P}}$ の下での期待値を $\widetilde{\mathbb{E}}$ により表すと，$\widetilde{\mathbb{P}}$ の定義より，

$$\widetilde{\mathbb{E}}(e^{\theta U_n}) = \mathbb{E}(e^{\theta U_n} M_n) = \mathbb{E}(e^{\theta U_n} e^{\alpha U_n} e^{\alpha X_{n-1}}) = \mathbb{E}(e^{(\theta+\alpha) U_n})$$

です．ここに，X_{n-1} と U_n が独立であることを使いました．従って，$\widetilde{\mathbb{P}}$ の下で U_n の期待値は

$$\widetilde{\mathbb{E}}(U_n) = \left. \frac{d}{d\theta} \widetilde{\mathbb{E}}(e^{\theta U_n}) \right|_{\theta=0} = \mathbb{E}(U_n e^{\alpha U_n}) = \widehat{F}'(\alpha) > 0$$

です．従って，$\widetilde{\mathbb{P}}$の下では，$n \to \infty$のとき$X_n \to \infty$となります．いよいよ，A_xの計算です．$b = \mathbb{P}(\max_{n \geq 1} X_n \leq 0)$とおくと，$x > 0$に対して，

$$\begin{aligned}
&\mathbb{P}\left(\max_{n \geq 0} X_n > x\right) \\
&\quad = \sum_{n=0}^{\infty} \mathbb{P}(X_\ell < X_n, 0 \leq \ell < n, X_n > x, X_k \leq X_n, k \geq n+1) \\
&\quad = \sum_{n=0}^{\infty} \mathbb{P}(X_\ell < X_n, 0 \leq \ell < n, X_n > x)\, \mathbb{P}(X_k - X_n \leq 0, k \geq n+1) \\
&\quad = b \sum_{n=0}^{\infty} \mathbb{P}(X_\ell < X_n, 0 \leq \ell < n, X_n > x) \qquad (12.3.3)
\end{aligned}$$

ここに，$k \geq n+1$のとき，$X_k - X_n = X_{n+1} + X_{n+2} + \ldots + X_k$が$\mathcal{F}_n$と独立であり，$X_1 + X_2 + \ldots + X_{k-n}$と同じ分布に従うことを使いました．

次に$\mathbb{P}$を$\widetilde{\mathbb{P}}$により置き換えることを考えます．$\widetilde{\mathbb{P}}$の作り方(12.3.2)から，

$$\mathbb{P}(A) = \widetilde{\mathbb{E}}(1_A M_n^{-1}), \qquad A \in \mathcal{F}_n, n \geq 0,$$

により，$\mathbb{P}$は$\widetilde{\mathbb{P}}$から計算できます．従って，

$$\begin{aligned}
&e^{\alpha x} \mathbb{P}(X_\ell < X_n, 0 \leq \ell < n, X_n > x) \\
&\quad = \widetilde{\mathbb{E}}\left(1(X_\ell < X_n, 0 \leq \ell < n, X_n > x) e^{-\alpha(X_n - x)}\right). \qquad (12.3.4)
\end{aligned}$$

ここで，確率変数t_kを$T_0 = 0$,

$$t_k = \{n > t_{k-1}; X_{t_{k-1}} < X_n\}, \qquad k \geq 1,$$

により帰納的に定義する．t_kはX_nが増加するk番目の時刻であり，昇順梯子点（ascending ladder epoch）と呼ばれている．$\widetilde{\mathbb{P}}$の下では，$n \to \infty$のとき$X_n \to +\infty$より，確率1で$t_k < \infty$であるから，

$$\sum_{n=0}^{\infty} \widetilde{\mathbb{E}}\left(1(X_\ell < X_n, 0 \leq \ell < n, X_n > x) e^{-\alpha(X_n - x)}\right)$$

$$= \sum_{k=1}^{\infty}\sum_{n=0}^{\infty}\widetilde{\mathbb{E}}\left(1(t_k = n, X_n > x)e^{-\alpha(X_{t_k}-x)}\right)$$

$$= \widetilde{\mathbb{E}}\left(\sum_{k=1}^{\infty}1(X_{t_k} > x)e^{-\alpha(X_{t_k}-x)}\right) \tag{12.3.5}$$

である．$k \geq 1$ に対して $T_k = t_k - t_{k-1}$ とおくと，ランダムウォークの仮定から，$T_1, T_2, \ldots$ は独立で同一の分布に従う確率変数列である．ここで，次の補題を証明する．

補題 12.3.1. ランダムウォーク $\{X_n; n \geq 0\}$ に対して，$\widetilde{\mathbb{P}}(\lim_{n\to\infty} X_n = \infty) = 1$ ならば，$\widetilde{\mathbb{E}}(T_1) < \infty$ である．

証明 $N_n = \min\{k \geq 1; X_k = \min_{1\leq \ell \leq n} X_\ell\}$ とおくと，

$$1 = \sum_{k=1}^{n}\widetilde{\mathbb{P}}(N_n = k)$$

$$= \sum_{k=1}^{n}\widetilde{\mathbb{P}}(X_k - X_\ell < 0, 0 \leq \ell < k, 0 \leq X_{\ell'} - X_k, k < \ell' \leq n)$$

$$= \sum_{k=1}^{n}\widetilde{\mathbb{P}}(X_k - X_\ell < 0, 0 \leq \ell < k)\widetilde{\mathbb{P}}(0 \leq X_{\ell'} - X_k, k < \ell' \leq n)$$

$$= \sum_{k=1}^{n}\widetilde{\mathbb{P}}(T_1 \geq k)\widetilde{\mathbb{P}}(0 \leq X_\ell, 1 \leq \ell \leq n-k)$$

ここで，$n \to \infty$ とすると，

$$1 = \sum_{k=1}^{\infty}\widetilde{\mathbb{P}}(T_1 \geq k)\widetilde{\mathbb{P}}\left(\min_{\ell\geq 1} X_\ell \geq 0\right) = \widetilde{\mathbb{E}}(T_1)\widetilde{\mathbb{P}}\left(\min_{\ell\geq 1} X_\ell \geq 0\right). \tag{12.3.6}$$

$\widetilde{\mathbb{P}}(\min_{\ell\geq 1} X_\ell \geq 0) = 0$ ならば，$\widetilde{\mathbb{P}}(\min_{\ell\geq 1} X_\ell < 0) = 1$ であるから，$t_0^- = 0$，$n \geq 1$ に対して $t_n^- = \min\{k \geq t_{n-1}^-; X_k < 0\}$ とおくと，$\widetilde{\mathbb{P}}(t_n^- < \infty) = 1$ である．従って，$\widetilde{\mathbb{P}}(\liminf_{n\to\infty} X_n < 0) = 1$ である．これは，仮定 $\widetilde{\mathbb{P}}(\lim_{n\to\infty} X_n = \infty) = 1$ と矛盾するので，$\widetilde{\mathbb{P}}(\min_{\ell\geq 1} X_\ell \geq 0) > 0$ である．従って，(12.3.6) より，$\widetilde{\mathbb{E}}(T_1) = 1/\widetilde{\mathbb{P}}(\min_{\ell\geq 1} X_\ell \geq 0) < \infty$. ∎

この補題から $\widetilde{\mathbb{E}}(U) > 0$ ならば $\widetilde{\mathbb{E}}(T_1) < \infty$ である．また，$\{T_1 \geq n\} = \Omega \setminus \{T_1 \leq n-1\}$ より，$\widetilde{\mathbb{P}}$ の下で U_n と $\{T_1 \geq n\}$ は独立であるから，

$$\begin{aligned}\widetilde{\mathbb{E}}\left(X_{T_1}\right) &= \widetilde{\mathbb{E}}\left(\sum_{n=1}^{\infty} U_n 1(T_1 \geq n)\right) \\ &= \sum_{n=1}^{\infty} \widetilde{\mathbb{E}}\left(U_n\right) \widetilde{\mathbb{P}}\left(T_1 \geq n\right) = \widetilde{\mathbb{E}}(U)\widetilde{\mathbb{E}}\left(T_1\right) < \infty.\end{aligned}$$

従って，$Y_0 = 0$，$n \geq 1$ に対して $Y_n = X_{t_n}$ とおくと，$\widetilde{\mathbb{E}}(Y_1) < \infty$ であり，$\{Y_n - Y_{n-1}; n \geq 1\}$ は非負の値を取る独立で同一の分布をもつ確率変数列である．このような $\{Y_n; n \geq 0\}$ を再生過程と呼ぶ．

定理 12.3.2 (再生定理)**.** $\widetilde{\mathbb{P}}$ の下で $\{Y_n; n \geq 0\}$ が再生過程ならば，Y_1 がある定数 $d > 0$ の整数倍しか値を取らない場合を除くと

$$\lim_{x \to \infty} \sum_{n=1}^{\infty} \widetilde{\mathbb{P}}\left(x < Y_n \leq x + h\right) = \frac{h}{\widetilde{\mathbb{E}}(Y_1)}, \qquad h > 0. \tag{12.3.7}$$

この定理の証明は [4, 6] などを参照して下さい．ランダムウォークの 1 回の変化量 U がある定数 d の整数倍にならないならば，この定理の条件が満すことを示すことができ，次の結果を導くことができます．

$$\lim_{x \to \infty} \widetilde{\mathbb{E}}\left(\sum_{n=1}^{\infty} 1(Y_n > x) e^{-\alpha(Y_n - x)}\right) = \frac{1}{\widetilde{\mathbb{E}}(Y_1)} \int_0^{\infty} e^{-\alpha t} dt. \tag{12.3.8}$$

$Y_n = X_{t_n}$ ですから，(12.3.3)，(12.3.4)，(12.3.5) とこの結果より，

$$\lim_{x \to \infty} e^{\alpha x} \mathbb{P}\left(\max_{n \geq 0} X_n > x\right) = \frac{b}{\widetilde{\mathbb{E}}(Y_1)} \int_0^{\infty} e^{-\alpha t} dt$$

が得られ，定理 12.3.1 が証明できました．

先生：再生定理や基本再生定理が出てきて分かりにくかったと思いますが，証明の概略は理解できましたか．

一夫：新しい確率測度が役立つことは分かりましたが，最後の所はごまかされたような気もします．

美子：私も (12.3.8) についてはよく分かりませんが，再生定理 12.3.2 の (12.3.7) はもっともらしい結果だと思いました．

先生：そうですね．(12.3.7) から (12.3.8) を導くことを演習問題にします．

美子：新しい確率測度の下では起こりにくいことが起こりやすくなる．面白いアイディアですね．いろいろなところに応用できませんか．

先生：できます．いろいろな分野で広く使われています．代表的な例として，統計で使われる重点標本抽出法（important sampling），金融工学使われるリスク中立測度（risk neutral measure）があります．最後に，稀少事象列に関する一般的な理論を紹介してしめくくりましょう．

12.4　大偏差値理論

稀少事象列 $\{A_x\}$ の確率の漸近的な特性を調べる一般的な方法があり，大偏差値理論（Large deviation theory）と呼ばれています．例えば，(12.2.4) 式より，

$$\lim_{x\to\infty}\frac{1}{x}\log(e^{\alpha x}\mathbb{P}(A_x)) = \lim_{x\to\infty}\frac{1}{x}\log c = 0$$

ですから，$\log(e^{\alpha x}\mathbb{P}(A_x)) = \alpha x + \log\mathbb{P}(A_x)$ より，

$$\lim_{x\to\infty}\frac{1}{x}\log\mathbb{P}(A_x) = -\alpha$$

です．この場合，$\mathbb{P}(A_x)$ は対数の意味で指数的に減少すると言うことにしまう．この式から，(12.2.4) は得られませんので，対数の意味での指数的減少は普通の意味での指数的減少より弱い結果です．しかし，弱い結果のためにより広い範囲で成り立ちます．また，減少率 α は同じであり，この減少率だけに興味がある場合も多く理論的にも応用的にも広く研究されています．

以後は事象列の番号は自然数 n であるとします．また，事象 A_n は n 番目の確率変数 Z_n を用いて，

$$A_n = \{Z_n \in B\}$$

と表すことができるとします．ここに，B は $\mathbb{R} \equiv (-\infty, +\infty)$ 上のボレル集合（区間から作られる集合）です．これまで述べた例は $Z_n = \frac{Y}{n}$，$B = (1, \infty)$

とおけば，$A_n = \{Y > n\}$ です．したがって，番号を実数に拡張すれば，この例が扱えることがわかります．

大偏差値理論では，任意のボレル集合 B に対して，

$$\lim_{n\to\infty} \frac{1}{n} \log \mathbb{P}(Z_n \in B) = -\inf_{x\in B} I(x) \tag{12.4.1}$$

を満たす $\mathbb{R}$ から $[0,\infty)$ への関数 I の存在を示し，求めることが目標です．この関数 I を率関数と呼びます．特に，この関数が定数であるならば，$I(x)$ は減少率そのものです．

残念ながら，ボレル集合 B は自由度がありすぎて，(12.4.1) が証明できない場合が多くあります．そこで，B を $\mathbb{R}$ の閉部分集合 F や開部分集合 G に制限し，少し弱い次の結果を証明します．

$$\limsup_{n\to\infty} \frac{1}{n} \log \mathbb{P}(Z_n \in F) \le -\inf_{x\in F} I(x), \tag{12.4.2}$$

$$\liminf_{n\to\infty} \frac{1}{n} \log \mathbb{P}(Z_n \in G) \ge -\inf_{x\in G} I(x). \tag{12.4.3}$$

この結果を大偏差値原理と呼びます．

大偏差値原理のよく知られた結果にクラメル（Cramér）の定理があります．この結果は率関数 I がどんなものか見る良い例ですので紹介します．

定理 12.4.1 (Cramér の定理)．1 回の変化量 U が軽い裾を持つランダムウォーク $\{X_n\}$ に対して，$Z_n = \dfrac{X_n}{n}$，$\widehat{F}(\theta) = \mathbb{E}(e^{\theta U})$ とすれば，

$$I(x) = \sup_{\theta}(\theta x - \log \widehat{F}(\theta)) \tag{12.4.4}$$

を率関数とする大偏差値原理 (12.4.2) と (12.4.3) が成り立つ．

なぜ，率関数が (12.4.4) となるか説明しましょう．このために，(12.4.2) を $B = [a,b]$ の場合に証明します．ここに，a, b は $a < b$ である実数です．$\theta > 0$ に対して，

$$\mathbb{P}(Z_n \in [a,b]) = \mathbb{P}\left(\frac{X_n}{n} \in [a,b]\right) \le \mathbb{E}\left(e^{n\theta\left(\frac{X_n}{n} - a\right)}\right) = e^{-n\theta a} \widehat{F}(\theta)^n$$

ですから，両辺の対数を取って n で割ると

$$\frac{1}{n}\log\mathbb{P}(Z_n\in[a,b])\le-\theta a+\log\widehat{F}(\theta),\qquad\theta>0,$$

が得られます．次に，この式の右辺がすべての $\theta>0$ で成り立つことから，その下限を取ると，(12.4.4) の I を使って，

$$\begin{aligned}\frac{1}{n}\log\mathbb{P}(Z_n\in[a,b]) &\le \inf_{\theta>0}(-\theta a+\log\widehat{F}(\theta))\\ &= -\sup_{\theta>0}(\theta a-\log\widehat{F}(\theta))\\ &= -I(a)=-\inf_{x\in[a,b]}I(x)\end{aligned}$$

となります．この式で $n\to\infty$ とすれば (12.4.2) が得られます．なお，$\theta>0$ の範囲は $\theta\in\mathbb{R}$ へ拡げることができます．

一方，(12.4.3) の証明は G が開区間の場合でも簡単ではありません．証明は前節で述べたものと同様な測度変換を行うことによりできます．煩雑ですので詳細は省きます．クラメルの定理は $\{X_n\}$ の各時刻での変動量が独立でない場合や X_n が多次元の場合に拡張されています．

さらなる拡張は，Z_n が確率過程 $\{Z_n(t);t\ge0\}$ となる場合です．この場合には閉集合 F や開集合 G は標本関数の全体の集合 K の部分集合です．閉集合や開集合を定義するためには K に距離や位相を定義する必要があります．数学的には複雑になりますが，基本的には確率変数の場合と同じ大偏差値原理を得ることが目的です．すなわち，適切な位相が定義された集合 K の任意の閉集合 F と開集合 G に対して，

$$\limsup_{n\to\infty}\frac{1}{n}\log\mathbb{P}(\{Z_n(t)\}\in F)\le-\inf_{f\in F}I(f),\tag{12.4.5}$$

$$\liminf_{n\to\infty}\frac{1}{n}\log\mathbb{P}(\{Z_n(t)\}\in G)\ge-\inf_{f\in G}I(f).\tag{12.4.6}$$

を満たすような K から $[0,\infty)$ への率関数を求めます．これも標本関数の大偏差値原理と呼びます．

一般に，(12.4.5) や (12.4.6) の右辺の計算は率関数 I が得られたとしても，関数を変数とする最小値問題，すなわち，変分問題であり，いろいろな工夫が研究されていますが，計算は非常に困難です．理論の枠組みはできていますが，応用のためには今後の研究が待たれる分野です．

一夫：大偏差値原理は面白そうですが，応用がないのでイメージが湧きませんでした．

美子：クラメルの定理で $Z_n = \dfrac{X_n}{n}$ ということは，大数の法則で極限となる平均値からの外れる確率の評価を行うための結果でしょうか．

先生：その通りです．今回は具体的な応用を話す時間がありませんでしたが，稀少事象列の確率の評価は高い信頼性を要求される分野でよく使われています．例えば，高速通信網の通信容量の配分問題に使われています．また，いろいろなシステムの比較や最適な運用を調べる上でも割合に使いやすい指標です．今回で終わりです．長い間この講座に参加していただいて有り難う．

12.5　演習問題

12.1 (12.3.2) により定義した $\widetilde{\mathbb{P}}_n$ が $\mathcal{F}_n$ 上の確率測度となることを示せ．

12.2 $\{\mathcal{F}_n; n \geq 0\}$ を Ω 上の離散時間フィルトレーションとする．$\cup_{n=0}^{\infty}\mathcal{F}_n$ が σ-集合体とならない例を作れ．

12.3 再生定理の (12.3.4) が成り立つならば，(12.3.3) が成り立つことを示せ．

付録 A

もっと確率過程を学びたい人へ

確率過程についてもっと深く学びたい人，本書の内容を補足する結果を知りたい人のために基本的な参考文献を紹介します．これから紹介する本は訳書の 1 冊を除いてすべて英語で書かれています．日本語の良い本もあると思いますが，英語の本や文献が圧倒的に多いため英語の文献を読むことに慣れておくと重宝です．このために英語の本に絞りました．

本書では応用を題材にして確率過程について解説しました．しかし，確率論を知らないと理解しにくい所があったかもしれません．そこで確率論そのものを最初から学びたい人には，[2, 9] を勧めます．[2] は大数の法則と中心極限定理の証明を詳しく述べています．一方，[9] は条件付き期待値の解説が秀逸です．

確率過程の本については，(a) 応用を目的にしたもの，(b) 理論を目的にしたもの，(c) 両方を取り混ぜたものの 3 種類があります．

(a) は待ち行列理論や数理ファイナンスなどの特定の応用のための確率過程を論じています．

(b) には広く一般論を展開するものと特定の確率過程に特化したものがあります．一般論の本として定評のあるものに，古典的ですが Doob[3] があります．Kolmogorov の「確率論の基礎概念（根本伸司 訳，東京図書）は確率空間の構成を論じだけの本ですが一度は読んでみたい本です．マルコフ過程は応用でも理論でも重要な確率過程であり，確率過程 = マルコフ過程と言えるほど多くの本が出版されてきました．しかし，最近は，確率過程 = セミマルチンゲールと言えるかもしれません．これは伊藤の公式とよばれる発展方程式が広く応用され，理論が整備されてきたためです．私のお薦めは [8] と [7] です．[8] は主に連続な標本路をもつ確率過程についてであり，[7] は不連続な標本路の場合を含むセミマルチンゲールを論じています．両書とも簡単に読める本ではありませんが，理論を懇切丁寧に説明しています．

(c) の本の多くは確率論についても詳しく解説しています．入門 (Introduction) や応用確率論 (Applied probability) が題目に入っている本は大体がここに入ります．本書は (c) の入門書です．沢山ある中で [6] は定評のある代表的な本ですが，さすがに内容が古いと言わざるを得ません．良い本がたくさんあると思いますが，私のお勧めは [4] です．ただし，この本は発展方程式や伊藤の公式を論じていないなど確率過程については物足りませんが，確率過程のための基礎理論を丁寧に解説しています．

これまで紹介してきたどの本も数学的に厳密に書かれています．このため最初に読んだときは難しく感じられるかもしれません．これは数学書に限りませんが，あきらめずに繰り返し読むことを勧めます．数学書を読むことは新しい考えを自分の物として消化する作業です．理解できなかったことを疑問点として考え続けること，ときには他の本を広く調べて足りなかった知識を補うことも大切です．このようにして繰り返し読むと，著者の考えが少しずつ分かり，読むことが楽しくなると思います．

付録 B

演習問題の略解

1.1 (a) $i = 1, 2, \ldots, k$ に対して $A_i = \{X = x_i\}$ とおく．X が確率変数であることから，$A_i \in \mathcal{F}$ である．Y の取り得る値を $y_1, y_2, \ldots, y_\ell$ とする．$\{Y = y_j\} = \{\omega \in \Omega; h(X(\omega)) = y_j\}$ であるから，各 j に対して，$h(x_i) = y_j$ を満たす x_i の添字 i の集合を B_j とすると，

$$\{Y = y_j\} = \cup_{i \in B_i} A_i \in \mathcal{F}, \qquad j = 1, 2, \ldots, k,$$

であるから，Y は確率変数である．

(b) $\cup_{i=1}^{k} \{X = i\} = \Omega$ より $\cup_{i=1}^{k} \{X = i\} \cap A = A$ であり，$i \neq j$ に対して，$\{X = i\}$ と $\{X = j\}$ は排反であるから，確率の加法性より与式を得る．

(c) 期待値の定義と問 (b) の結果より，

$$\begin{aligned}\mathbb{E}(Y) &= \sum_{j=1}^{\ell} y_j \mathbb{P}(Y = y_j) = \sum_{j=1}^{\ell} \sum_{i=1}^{k} y_j \mathbb{P}(X = x_i, Y = y_j) \\ &= \sum_{i=1}^{k} h(x_i) \sum_{j=1}^{\ell} \mathbb{P}(X = x_i, Y = y_j) = \sum_{i=1}^{k} h(x_i) \mathbb{P}(X = x_i).\end{aligned}$$

1.2 (a) 当たりくじから i 枚，外れくじから $n - i$ 枚選ぶ組合せの総数は，それぞれ，$\binom{k}{i}$, $\binom{N-k}{n-i}$ であり，N 枚から n 枚のくじを選ぶ組合せの総数は $\binom{N}{n}$ であるから，$\mathbb{P}(Y_n = i) = \binom{k}{i}\binom{N-k}{n-i}/\binom{N}{n}$.

(b) $\mathbb{E}(sY_n) = s2n/N$，$\mathrm{Var}(sY_n) = s^2 2n(N - n)/(N^2(N - 2))$.

(c) $\delta^2(Y_n) = (N - n)/(2n(N - 2))$ であるから，$\delta^2(Y_n)$ は n の減少関数である．従って，$n = 1$ のとき最大となり，1 枚だけ買うのがよい．

2.1 (a) 1.1 節にある σ-集合体の定義の条件 (i), (ii), (iii) を $\mathcal{F} \cap \mathcal{G}$ について確認する．$\Omega \in \mathcal{F}$ かつ $\Omega \in \mathcal{G}$ であるから，$\Omega \in \mathcal{F} \cap \mathcal{G}$．$A \in \mathcal{F} \cap \mathcal{G}$

ならば，$A^c \in \mathcal{F}, A^c \in \mathcal{G}$ より，$A^c \in \mathcal{F} \cap \mathcal{G}$ である．$i = 1, 2, \ldots$ に対して $A_i \in \mathcal{F} \cap \mathcal{G}$ ならば，$A_i \in \mathcal{F}$ かつ $A_i \in \mathcal{G}$ より，$\cup_{i=1}^{\infty} A_i \in \mathcal{F}$ かつ $\cup_{i=1}^{\infty} A_i \in \mathcal{G}$ であるから $\cup_{i=1}^{\infty} A_i \in \mathcal{F} \cap \mathcal{G}$ である．

(b) $\mathcal{A}$ を含む σ-集合体を全て集めた集合を $\mathcal{K}$ とし，$\sigma(\mathcal{A}) = \cap_{\mathcal{G} \in \mathcal{K}} \mathcal{G}$ とおけば，$\sigma(\mathcal{A})$ が求める最小の σ-集合体である．

2.2 $\mathcal{F} = \mathcal{B}(\mathbb{R})$ とし，$(\mathbb{R}, \mathcal{B}(\mathbb{R}))$ 上の確率測度を

$$P((a, b]) = \begin{cases} (b-a), & 0 \le a < b \le 1, \\ 0, & a < b < 0 \text{ または } 1 < a < b, \end{cases}$$

を満たすように定義すればよい．

2.3 (a) $f(x) = \alpha\beta x^{\beta-1} \exp(-\alpha x^{\beta})$，$r(x) = \alpha\beta x^{\beta-1}$.

(b) (a) より，$r(x)$ は $0 < \beta < 1$ ならば減少し，$\beta > 1$ ならば増加する．

2.4 $F'(x) = f(x) = r(x)(1 - F(x))$ であるから，$F(x)$ は微分方程式，

$$\frac{1}{dx} \log(1 - F(x)) = -r(x)$$

の解である．従って，$F(x) = 1 - \exp(-\int_0^x r(u)du)$ であり，$f(x) = r(x) \exp(-\int_0^x r(u)du)$ である．

3.1 演習問題1.1の(c)と同様にして，$aX+bY$ の取り得る値を $z_1, z_2, \ldots, z_m$ とすると，

$$\begin{aligned}
\mathbb{E}(X+Y) &= \sum_{n=1}^{m} z_n \mathbb{P}(aX+bY = z_n) \\
&= \sum_{n=1}^{m} z_n \sum_{i=1}^{k} \sum_{j=1}^{\ell} \mathbb{P}(X = x_i, Y = y_j, aX+bY = z_n) \\
&= \sum_{i=1}^{k} \sum_{j=1}^{\ell} (ax_i + by_j) \sum_{n=1}^{m} \mathbb{P}(X = x_i, Y = y_j, X+Y = z_n) \\
&= a \sum_{i=1}^{k} x_i \sum_{j=1}^{\ell} \mathbb{P}(X = x_i, Y = y_j) + b \sum_{j=1}^{\ell} y_j \sum_{i=1}^{k} \mathbb{P}(X = x_i, Y = y_j)
\end{aligned}$$

$$= a\mathbb{E}(X) + b\mathbb{E}(Y).$$

3.2 $b = \sup_{n \geq 1} x_n$ とおく．すなわち，各 $\epsilon > 0$ に対して，ある $n_1 \geq 1$ があり任意の $n \geq n_1$ について，$x_n \leq b + \epsilon$ が成り立ち，任意の $n_2 \geq$ についてある $n_3 \geq n_2$ があり，$x_{n_3} \geq b - \epsilon$ が成り立つ．x_n は n について非減少であるから，$x_{n_3} \geq b - \epsilon$ ならば，任意の $n \geq n_3$ に対して $x_n \geq b - \epsilon$ が成り立つので，$n_0 = \max(n_1, n_2)$ とすれば，任意の $n \geq n_0$ に対して，$|x_n - b| < \epsilon$ が成り立つ．

4.1 (a) x が異なる 2 進展開をもつならば，これらの 2 進展開が異なる最初の桁を n その 2 進数を u, v とすると，$(u, v) = (0, 1)$ または $(1, 0)$ である．これらの 2 進数が同じ実数となるためには，0 以下の 2 進展開数はすべて 1 であり，1 以下の 2 進展開数はすべて 0 であるときのみである．従って，u_i により i 桁目の 2 進数を表すと，

$$x = \sum_{\ell=1}^{n-1} u_i 2^{-\ell} + 2^{-n} = \frac{1}{2^n}\left(\sum_{\ell=1}^{n-1} u_i 2^{n-\ell} + 1\right)$$

であるから，有理数である．

(b) K は有理数全ての集合の部分集合であるから，可算である．

4.2 (a) A は可算集合であるから，その要素を $\omega_i, i = 1, 2, \ldots$ によりすべて表すことができる．従って，$\mathbb{P}(A) = \sum_{i=1}^{\infty} \mathbb{P}(\{\omega_i\}) = 0$ である．

(b) $\Omega = \mathbb{R}$，$\mathcal{F} = \mathcal{B}(\mathbb{R})$ とし，$(\Omega, \mathcal{F})$ 上の確率分布 $\mathbb{P}$ が $[0, 1]$ 上の一様分を表すとする．このとき，任意の $\omega \in \Omega$ に対して，$\mathbb{P}(\{\omega\}) = 0$ であるが，$A = [0, 1]$ とすると，非可算集合であり，$\mathbb{P}(A) = 1 \neq 0$ である．

4.3 条件を満たす A と A_n について，(4.4.3) を示せばよい．$A_n \subset A_{n+1}$ より，$\cap_{\ell=n} A_\ell = A_n$，$\cup_{\ell=n} A_\ell = A_n = \cup_{\ell=1} A_\ell$ であるから，$A = \cup_{n=1}^{\infty} A_n$ に対して確かに (4.4.3) が成り立つ．

4.4 (a) $\displaystyle \mathrm{Var}(X) = \sum_{n=0}^{\infty} n \frac{1}{n!}\lambda^n = \lambda \sum_{n=1}^{\infty} \frac{1}{(n-1)!}\lambda^{n-1} = \lambda.$

(b) $\displaystyle \mathbb{P}(X + Y = k) = \sum_{n=0}^{k} \frac{1}{n!}\lambda^n \frac{1}{(n-k)!}\mu^{n-k} = \frac{1}{k!}\sum_{n=0}^{k} \binom{k}{n} \lambda^n \mu^{n-k}$

$$= \frac{1}{k!}(\lambda+\mu)^k.$$

(c) $X+Y$ の分布はパラメータ $\lambda+\mu$ のポアソン分布である.

5.1 (a) $\mathcal{I}_X$ が Ω 上の σ-集合体となる条件 (i), (ii), (iii) (第 1 章参照) を確認すればよい. $B=\mathbb{R}^\infty$ とすると, $\{\omega\in\Omega; \boldsymbol{X}\in\boldsymbol{R}^\infty\}=\Omega=\{\omega\in\Omega;\theta_1\circ\boldsymbol{X}\in\boldsymbol{R}^\infty\}$ であるから, $\Omega\in\mathcal{I}_X$ となり, 条件 (i) が満たされる. $A\in\mathcal{I}_X$ ならば, ある $\boldsymbol{B}\in\mathcal{B}(\mathbb{R}^\infty)$ に対して

$$A=\{\omega\in\Omega;\boldsymbol{X}\in\boldsymbol{B}\}=\{\omega\in\Omega;\theta_1\circ\boldsymbol{X}\in\boldsymbol{B}\}$$

が成り立つ. このとき,

$$A^c=\{\omega\in\Omega;\boldsymbol{X}\in\boldsymbol{B}^c\}=\{\omega\in\Omega;\theta_1\circ\boldsymbol{X}\in\boldsymbol{B}^c\}$$

であるから, $\boldsymbol{B}^c\in\mathbb{R}^\infty$ より $A\in\mathcal{I}_X$ となり, 条件 (ii) が満たされる. 同様にして, $A_i\in\mathcal{I}_X$, $i=1,2,\ldots$, ならば $\cup_{i=1}^\infty A_i\in\mathcal{I}_X$ となり, 条件 (iii) が満たされる.

(b) $\limsup_{n\to\infty}\overline{X}_n=\limsup_{n\to\infty}\theta_1\circ\overline{X}_n$ を示せばよい.

$$\theta_1\circ\overline{X}_n=\frac{1}{n}\sum_{\ell=2}^{n+1}X_\ell=-\frac{1}{n}X_1+\frac{n+1}{n}\frac{1}{n+1}\sum_{\ell=1}^{n+1}X_\ell$$
$$=-\frac{1}{n}X_1+\frac{n+1}{n}\overline{X}_{n+1}$$

であるから, $\lim_{n\to\infty}\frac{1}{n}X_1=0$ より, 目的の式が示せた.

(c) (b) より, $\theta_1\circ M_\epsilon=\{\limsup_{n\to\infty}\theta_1\circ\overline{X}_n>\mathbb{E}(X)+\epsilon\}$ $=\{\limsup_{n\to\infty}\overline{X}_n>\mathbb{E}(X)+\epsilon\}=M_\epsilon$ であるから, $M_\epsilon\in\mathcal{I}_X$.

5.2 (a) T が平均 $1/\lambda$ の指数分布ので $\mathbb{P}(T>t)=e^{-\lambda t}$ であるから,

$$\mathbb{E}(f(T))=\int_0^\infty f(t)\lambda e^{-\lambda t}dt=\lambda\int_0^\infty f(t)\mathbb{P}(T>t)dt$$
$$=\lambda\mathbb{E}\left(\int_0^\infty f(t)1(T>t)dt\right)=\lambda\mathbb{E}\left(\int_0^T f(t)\right)dt.$$

(b) $s<0$ に対して, $f(t)=e^{st}$ とおくと, 条件式より,

$$\mathbb{E}(e^{sT})=\lambda\frac{1}{s}\mathbb{E}\left(e^{sT}-1\right)$$

であるから，$\mathbb{E}(e^{-sT}) = \lambda/(\lambda - s)$．これより，$T$ の積率母関数 $\mathbb{E}(e^{sT})$ は $s < 0$ で存在し有限である．更に，$\mathbb{E}(e^{sT})$ は平均 $1/\lambda$ の指数分布の積率母関数に等しいので，開区間で有限な積率母関数が分布を唯 1 つ決めることから T の分布は平均 $1/\lambda$ の指数分布である．

6.1 $x \geq 0$ に対して $n_0 \geq x$ を満たす正の整数 n_0 を選ぶ．このとき，

$$e^x = \sum_{n=0}^{n_0+1} \frac{1}{n!}x^n + \sum_{n=n_0+2}^{\infty} \frac{1}{n(n-1)} \frac{n_0!x^{n-2-n_0}}{(n-2)!} \frac{x^{n_0+2}}{n_0!}$$
$$\leq \sum_{n=0}^{n_0+1} \frac{1}{n!}x^n + \frac{x^{n_0+2}}{n_0!} \sum_{n=1}^{\infty} \frac{1}{n^2} < \infty.$$

6.2 (a) 定義 6.4.1 より，Z がパラメータ (m, σ) の正規分布に従うならば，標準正規分布に従う確率変数 X を用いて，$Z = m + \sigma X$ と表すことができる．$\mathbb{E}(X) = 0$，$\mathbb{E}(X^2) = 1$ であるから，$\mathrm{Var}(Z) = \mathbb{E}((Z-m)^2) = \sigma^2$ である，X の密度関数は $\frac{1}{\sqrt{2\pi}}e^{-\frac{1}{2}x^2}$ であるから，

$$\mathbb{P}(Z \leq x) = \mathbb{P}(m + \sigma X \leq x)$$
$$= \mathbb{P}\left(X \leq \frac{x-m}{\sigma}\right) = \int_{-\infty}^{\frac{x-m}{\sigma}} \frac{1}{\sqrt{2\pi}} e^{-\frac{1}{2}u^2} du$$

この式の両辺を x で微分すれば，$g_{m,\sigma}(x) = \frac{1}{dx}\mathbb{P}(Z \leq x) = \frac{1}{\sqrt{2\pi}\sigma}e^{-\frac{1}{2\sigma^2}(x-m)^2}$．$X$ の特性関数は $e^{-\frac{1}{2}\theta^2}$ であるから，

$$\varphi_{m,\sigma}(\theta) = \mathbb{E}\left(e^{\imath\theta(m+\sigma X)}\right) = e^{\imath m\theta}\mathbb{E}\left(e^{\imath\theta\sigma X}\right) = e^{\imath m\theta}e^{-\frac{1}{2}\sigma^2\theta^2}$$

(b) $X + Y$ の特性関数を $\psi(\theta)$ とすると，X, Y が独立であることから，$\psi(\theta) = (e^{-\frac{1}{2}\theta^2})^2 = e^{-\frac{1}{2}(\sqrt{2})^2\theta^2}$ である．従って，パラメータ $(0, 2)$ の正規分布に従う．

6.3 $f(x) = x$，$S = (0, \infty)$，$X(t) = X(0)e^{-tX(0)}$ とする．

(a) $t = 0$ のとき最大値 x を取るので上限は x であり，$X(t)$ は非負で，$t \to \infty$ のとき $X(t) \to 0$ となるので下限は 0 である．

(b) $g(x) = xe^{-tx}$ とおくと，$g'(x) = (1-tx)e^{-tx}$ であるから，$x = 1/t$ で最大値 $\frac{1}{t}e^{-1}$ を取る．従って，$\sup_{x \in S} |T_t f(x) - f(x)| = \frac{1}{t}e^{-1}$ である．

(c) (b) より，$\lim_{t \downarrow 0} \sup_{x \in S} |T_t f(x) - f(x)| = \infty$ である．

7.1 $A = \{Z > Z'\}$ とおくと，$A \in \mathcal{G}$ である．一方，条件式より，$\mathbb{E}((Z - Z')1_A) = 0$．ここで，$\mathbb{P}(A) > 0$ と仮定すると，$\mathbb{E}((Z - Z')1_A) > 0$ となり矛盾する．従って，確率 1 で $\mathbb{P}(A) = 0$，すなわち，$\mathbb{P}(Z > Z') = 0$ でなければならない．Z と Z' の役割を交換すると，同様にして，$\mathbb{P}(Z' > Z) = 0$．従って，$\mathbb{P}(Z = Z') = 1 - (\mathbb{P}(Z > Z') + \mathbb{P}(Z' > Z)) = 1$.

7.2 (a) 条件付き期待値の定義より，任意の $A \in \sigma(X)$ に対して，

$$\mathbb{E}(\mathbb{E}(h(X)|\sigma(X))1_A) = \mathbb{E}(h(X)1_A)$$

が成り立つ．問題 7.1 の結果を適用すれば，確率 1 で $\mathbb{E}(h(X)|\sigma(X)) = h(x)$ が得られる．

(b) $A \in \mathcal{G}_2$ のとき，$A \in \mathcal{G}_1$ であるから，

$$\mathbb{E}(\mathbb{E}(\mathbb{E}(X|\mathcal{G}_1)|\mathcal{G}_2)1_A) = \mathbb{E}(\mathbb{E}(X|\mathcal{G}_1)1_A) = \mathbb{E}(X1_A) = \mathbb{E}(\mathbb{E}(X|\mathcal{G}_2)1_A)$$

である．この式と問題 7.1 の結果より，(7.i) が成り立つ．

(c) 条件付き期待値の定義と，$\mathcal{G}_1$ と $\mathcal{G}_2$ が独立より $A \in \mathcal{G}_2$ と $\mathbb{E}(X|\mathcal{G}_1)$ は独立であることから，

$$\mathbb{E}(\mathbb{E}(\mathbb{E}(X|\mathcal{G}_1)|\mathcal{G}_2)1_A) = \mathbb{E}(\mathbb{E}(X|\mathcal{G}_1)1_A) = \mathbb{E}(X)\mathbb{P}(A) = \mathbb{E}(\mathbb{E}(X)1_A).$$

どんな σ-集合体に対しても，定数の条件付き期待値は同じ定数であるから，問題 7.1 の結果を適用し (7.ii) を得る．

7.3 (a) 条件付き期待値の定義より，任意の $A \in \mathcal{G}$ に対して，

$$\mathbb{E}(\mathbb{E}(aX|\mathcal{G})1_A) = \mathbb{E}(aX1_A) = a\mathbb{E}(X1_A) = a\mathbb{E}(\mathbb{E}(X|\mathcal{G})1_A)$$

であるから，問題 7.1 の結果より，(a) が示せた．

(b) (a) と同様に，任意の $A \in \mathcal{G}$ に対して，

$$\begin{aligned}\mathbb{E}(\mathbb{E}(X+Y|\mathcal{G})1_A) &= \mathbb{E}((X+Y)1_A) = \mathbb{E}(X1_A) + \mathbb{E}(Y1_A) \\ &= \mathbb{E}(\mathbb{E}(X|\mathcal{G}))1_A) + \mathbb{E}(\mathbb{E}(Y|\mathcal{G}))1_A) \\ &= \mathbb{E}((\mathbb{E}(X|\mathcal{G}) + \mathbb{E}(\mathbb{E}(Y|\mathcal{G})))1_A)\end{aligned}$$

従って，問題 7.1 の結果より (b) を得る．

(c) 初めに，$\mathcal{G}$-可測な Z について，任意の $A \in \mathcal{G}$ に対して $\mathbb{E}(Z1_A) \geq 0$ ならば，$\mathbb{P}(Z \geq 0) = 1$ を示す．$A = \{Z < 0\}$ とおく．$\mathbb{P}(A) > 0$ と仮定すると，$\mathbb{E}(Z1_A) < 0$ であるが，これは条件 $\mathbb{E}(Z1_A) \geq 0$ と矛盾する．従って，$\mathbb{P}(A) = 0$，すなわち，$\mathbb{P}(Z \geq 0) = 1 - \mathbb{P}(Z < 0) = 1$ が示せた．この結果を適用するために，$Z = \mathbb{E}(Y|\mathcal{G}) - \mathbb{E}(X|\mathcal{G})$ とおく．$\mathbb{P}(X \leq Y) = 1$ であるから，任意の $A \in \mathcal{G}$ に対して

$$\begin{aligned}\mathbb{E}(Z1_A) &= \mathbb{E}((\mathbb{E}(Y|\mathcal{G}) - \mathbb{E}(X|\mathcal{G}))1_A) = \mathbb{E}(Y1_A) - \mathbb{E}(X1_A) \\ &= \mathbb{E}((Y-X)1_A) \geq 0.\end{aligned}$$

従って，最初に示した結果より，$\mathbb{P}(Z \geq 0) = 1$.

7.4 (a) $A^n = (B^{-1}\Lambda B)^n = B^{-1}\Lambda^n B = B^{-1}\Lambda_n B$ である．

(b) e^{tA} の定義と (a) より，

$$e^{tA} = \sum_{n=0}^{\infty} \frac{1}{n!} t^n A^n = \sum_{n=0}^{\infty} \frac{1}{n!} t^n B^{-1}\Lambda^n B = B^{-1}\left(\sum_{n=0}^{\infty} \frac{1}{n!} t^n \Lambda^n\right) B$$

であるから，$e^{tA} = B^{-1}e^{t\Lambda}B$.

8.1 (a) τ がすべての $X_1, X_2, \ldots$ と独立であるから，

$$\begin{aligned}\mathbb{E}(X_1 + X_2 + \ldots + X_\tau) &= \mathbb{E}\left(\sum_{n=1}^{\infty}\sum_{\ell=1}^{n} X_\ell 1(\tau = n)\right) \\ &= \sum_{n=1}^{\infty} n\mathbb{E}(X)\mathbb{P}(\tau = n) = \mathbb{E}(X)\mathbb{E}(\tau)\end{aligned}$$

(b) (a) の解答式において，n と ℓ の和の順序を交換すると

$$\mathbb{E}(X_1 + X_2 + \ldots + X_\tau) = \mathbb{E}\left(\sum_{\ell=1}^{\infty}\sum_{n=\ell}^{\infty} X_\ell 1(\tau = n)\right)$$

$$= \mathbb{E}\left(\sum_{\ell=1}^{\infty} X_\ell 1(\tau \geq \ell)\right) = \sum_{\ell=1}^{\infty} \mathbb{E}(X_\ell 1(\tau \geq \ell)).$$

従って，$\{\tau \geq \ell\} = \{\tau \leq \ell - 1\}^c$ が X_ℓ と独立であり，$\sum_{\ell=1}^{\infty} \mathbb{E}(\tau \geq \ell) = \mathbb{E}(\tau)$ であるることから，上記の式の右辺は $\mathbb{E}(X)\mathbb{E}(\tau)$ に等しい．

8.2 (a) S の分布関数を G とすると，

$$\mathbb{E}(SN(S)) = \int_0^{\infty} x\mathbb{E}(N(x))G(dx) = \int_0^{\infty} \lambda x^2 G(dx) = \lambda\mathbb{E}(S^2).$$

(b) $\mathbb{E}(N(x)(N(x) - 1)) = \sum_{j=1}^{\infty} j(j-1)\mathbb{P}(N(x) = j)$ であるから，

$$\mathbb{E}(N(S)(N(S) - 1)) = \int_0^{\infty} \sum_{j=1}^{\infty} j(j-1)\frac{\lambda^j x^j}{j!}e^{-\lambda x}G(dx)$$

$$= \lambda^2 \int_0^{\infty} x^2 G(dx) = \lambda^2\mathbb{E}(S^2).$$

8.3 (8.5.1) の両辺を 2 乗してきた位置を取ると，Y_n, Z_n が独立であるから，

$$\mathbb{E}(Y_{n+1}^2) = \mathbb{E}((Y_n - 1(Y_n > 0))^2) + 2\mathbb{E}((Y_n - 1(Y_n > 0))Z_n) + \mathbb{E}(Z_n^2)$$

$$= \mathbb{E}(Y_n^2) - 2\mathbb{E}(Y_n) + \mathbb{P}(Y_n > 0)$$

$$+ 2\mathbb{E}(Y_n - 1(Y_n > 0))\mathbb{E}(Z_n) + \mathbb{E}(Z_n^2).$$

定常性の仮定より，$\mathbb{E}(Y_{n+1}^2) = \mathbb{E}(Y_n^2)$ であるから，$\mathbb{E}(Z_n) = \rho$ より，

$$\mathbb{E}(Y_n) = \frac{\mathbb{P}(Y_n > 0)(1 - 2\mathbb{E}(Z_n)) + \mathbb{E}(Z_n^2)}{2(1 - \mathbb{E}(Z_n))} = \frac{\rho(1 - 2\rho) + \mathbb{E}(Z_n^2)}{2(1 - \rho)}$$

$$= \frac{2\rho(1 - \rho) + \mathbb{E}(Z_n(Z_n - 1))}{2(1 - \rho)}.$$

問 8.2 の (b) より，$\mathbb{E}(Z_n(Z_n-1)) = \mathbb{E}(N(S)(N(S)-1)) = \lambda^2\mathbb{E}(S^2)$ であるから，

$$\mathbb{E}(Y_0) = \mathbb{E}(Y_n) = \rho + \frac{\lambda^2\mathbb{E}(S^2)}{2(1-\rho)}$$

が得られる．

9.1 (a) $n \to \infty$ のとき，a_n が a へ収束するとは

$$\forall k \geq 1, \exists n_0 \geq 1, \forall n \geq n_0, |a_n - a| < 1/k$$

が成り立つことである．

(b) (a) より，すべての $\omega \in \Omega$ に対して，

$$\forall k \geq 1, \exists n_0 \geq 1, \forall n \geq n_0, |X_n(\omega) - X(\omega)| < 1/k$$

である．x を任意の実数とすると，$X(\omega) \leq x$ かつ $|X_n(\omega) - X(\omega)| < 1/k$ ならば，$X(\omega) \leq x + 1/k$ であるから，

$$\{X \leq x\} \subset \cap_{k=1}^{\infty} \cup_{\ell=1}^{\infty} \cap_{n=\ell}^{\infty} \{X_n < x + 1/k\}.$$

同様に，$X_n(\omega) \leq x + 1/k$ かつ $|X_n(\omega) - X(\omega)| < 1/k$ ならば，$X(\omega) < x + 2/k$ であるから，

$$\{X_n \leq x + 1/k\} \subset \cap_{k=1}^{\infty} \cup_{\ell=1}^{\infty} \cap_{n=\ell}^{\infty} \{X < x + 2/k\}$$

$$= \cup_{\ell=1}^{\infty} \cap_{n=\ell}^{\infty} \{X \leq x\} = \{X \leq x\}.$$

したがって，

$$\{X \leq x\} = \cap_{k=1}^{\infty} \cup_{\ell=1}^{\infty} \cap_{n=\ell}^{\infty} \{X_n < x + 1/k\}$$

であり，右辺の事象は $\mathcal{F}$ に含まれるので，$\{X \leq x\} \in \mathcal{F}$ となり，X は確率変数である．

9.2 Y_n, M_n の他に，$\mathcal{F}_{n-1}$-可測な Y'_n と $M'_0 = a$ を満たす $\mathbb{F}_d$-マルチンゲール M'_n があり，

$$X_n = Y'_n + M'_n, \qquad n \geq 0,$$

が成り立つとする．$M_0 = M'_0 = a$ より，$Y_0 = X_0 - M'_0 = Y'_0$ である．一方，2 つのマルチンゲールの条件式より

$$Y_n - Y'_n = M'_n - M_n, \qquad n \geq 0,$$

が成り立つ．$\mathcal{F}_{n-1}$ の下で両辺の条件付き期待値を取ると，$Y_n - Y'_n$ は $\mathcal{F}_{n-1}$ 可測であるから，

$$Y_n - Y'_n = \mathbb{E}(M'_n - M_n | \mathcal{F}_{n-1}) = M'_{n-1} - M_{n-1}, \qquad n \geq 1.$$

が確率 1 で成り立つ．ここで，$n = 1$ とすると，$M_0 = a = M'_0$ であるから，$Y'_1 = Y_1$ が確率 1 で成り立つ．従って，2 つの X_n のセミマルチンゲール表現より，$M_1 = X_1 - Y_1 = X_1 - Y'_1 = M'_1$ が確率 1 で成り立つ．$n = 2, 3, \ldots$ に対しても帰納的に $Y'_n = Y_n$，$M'_n = M_n$ が確率 1 で得られる．従って，Y_n と M_n は確率 1 で唯一つである．

9.3 $s < t$ である任意の $s, t \geq 0$ に対して，

$$\begin{aligned}
&\mathbb{E}(M^2(t)|\mathcal{F}_s) = \mathbb{E}((M(s) + M(t) - M(s))^2 | \mathcal{F}_s) \\
&\quad = \mathbb{E}(M^2(s)|\mathcal{F}_s) + 2\mathbb{E}(M(s)(M(t) - M(s))|\mathcal{F}_s) + \mathbb{E}((M(t) - M(s))^2|\mathcal{F}_s) \\
&\quad \geq M^2(s) + 2M(s)\mathbb{E}((M(t) - M(s))|\mathcal{F}_s) = M^2(s)
\end{aligned}$$

であるから，$M^2(t)$ は $\mathbb{F}$-劣マルチンゲールである．

9.4 任意の $s, t \geq 0$ に対して，$s < t$ ならば $N(t) - N(s) \geq 0$ であるから，

$$\mathbb{E}(N(t)|\mathcal{F}_s) = \mathbb{E}(N(s) + N(t) - N(s)|\mathcal{F}_s) \geq \mathbb{E}(N(s)|\mathcal{F}_s) = N(s)$$

であるから，$N(t)$ は $\mathbb{F}$-劣マルチンゲールである．

9.5 η, τ が $\mathbb{F}$-停止時刻であるとき，次のことを示せ．

(a) 定義より $\mathcal{F}_{\tau-}$ と $\mathcal{F}_\tau$ は共に $\mathcal{F}_0$ を含む．従って，各 $s > 0$ に対して，$A \in \mathcal{F}_s$ ならば，$A \cap \{s < \tau\} \in \mathcal{F}_\tau$ を証明すればよい．$\{s < \tau\} = \{\tau \leq s\}^c \in \mathcal{F}_s$ であるから，$A \cap \{s < \tau\} \in \mathcal{F}_s$ であり，任意の $t > 0$ に対して，$s \leq t$ ならば，

$$(A \cap \{s < \tau\}) \cap \{\tau \leq t\} \in \mathcal{F}_t$$

であり，$t < s$ ならば，

$$(A \cap \{s < \tau\}) \cap \{\tau \leq t\} = \emptyset \in \mathcal{F}_t$$

であるから，確かに $A \cap \{s < \tau\} \in \mathcal{F}_\tau$ である．

(b) $A \in \mathcal{F}_\eta$ ならば，任意の $t \geq 0$ に対して，$A \cap \{\eta \leq t\} \in \mathcal{F}_t$ であるから，$\eta \leq \tau$ より，

$$\begin{aligned} A \cap \{\tau \leq t\} &= A \cap \{\tau \leq t\} \cap \{\eta \leq \tau\} \\ &= (A \cap \{\eta \leq t\}) \cap \{\tau \leq t\} \in \mathcal{F}_t \end{aligned}$$

従って，$A \in \mathcal{F}_\tau$ となり，$\mathcal{F}_\eta \subset \mathcal{F}_\tau$.

10.1 (a) $A(t)$ の定義より，$a_n \leq t$ ならば $A(t) \geq n$ である．逆に，$a_n > t$ ならば $A(t) < n$ であるから，対偶を取ると $A(t) \geq n$ ならば $a_n \leq t$ である．よって，求める同値性が言えた．

(b) $n \to \infty$ のとき $a_n \to \infty$ ならば，$A(a_n) \geq n$ であるから，$A(a_n) \to \infty$ である．任意の $t > 0$ に対して，$a_n \leq t < a_{n+1}$ を満たす n が存在するので，$t \to \infty$ のとき，$A(t) \geq A(a_n) \to \infty$ である．

10.2 (a) $\lim_{r\downarrow 0} rf(t/r) = \lim_{r\downarrow 0}(t + r\sqrt{t/r}) = t$.

(b) $\lim_{r\downarrow 0} rf(t/r) = t\lim_{r\downarrow 0}\log[(r+2t)/(r+t)] = t\log 2$

(c) $\lim_{r\downarrow 0} rf(t/r) = \lim_{r\downarrow 0} re^{t/r} \geq \liminf_{r\downarrow 0} r(1 + t/r + t^2/(2r^2)) = \infty$.

11.1 (a) ノルム $\|f\|_n$ の定義より，$f, g \in \mathcal{D}$ に対して，$\xi(f,g) = 0$ ならば $f = g$ であり，$\xi(f,g) = \xi(g,f)$ が成り立ちます．また，$f, g, h \in \mathcal{D}$ に対して，$\|f-g\|_n = \|(f-h)-(g-h)\|_n \leq \|f-h\|_n + \|g-h\|_n$ です．従って，三角不等式 $\xi(f,g) \leq \xi(f,h) + \xi(g,h)$ が成り立ちます．以上のことから，$\xi(\cdot,\cdot)$ は距離の3条件を満たすので ξ は距離である．

(b) 整数 $k, \ell \geq 1$ に対して $Q_k = \{i2^{-k}; i = 0, \pm 1, \ldots, \pm k2^k\}$ とおき，$j = 1, 2, k$ に対して $q_j \in Q_{k,\ell}$ とするとき，関数 $f_{n,k,\{q_j\}}$ を

$$f_{n,k,\{q_j\}}(x) = \sum_{j=1}^{n2^k} \left(jq_{j-1} - (j-1)q_j + \frac{x(q_j - q_{j-1})}{2^{-k}} \right)$$
$$\times 1((j-1)2^{-k} \leq x < j2^{-k}) + q_j 1(x = n)$$

により定義する．$f_{n,k,\{q_j\}} \in C([0,n])$ であり，このような関数を全ての $q_j \in Q_k$ に対して集めた集合を $P_k([0,n])$ とすれば，$P_k([0,n])$ は有限集合であり，$P_*([0,n]) \equiv \cup_{k=1}^{\infty} P_k([0,n])$ は可算集合である．一方，閉区間上の連続関数であるから有界な連続関数であるから，任意の $f \in C([0,n])$ と任意の $\epsilon > 0$ に対して，$\xi(f,g) < \epsilon$ を満たす $g \in P_*([0,n])$ が存在する．従って，$C([0,n])$ は可分である．

(c) $f \in C([0,n])$ に対して，$x \geq x$ ならば $f(x) = f(n)$，$x \leq -n$ ならば $f(x) = f(-n)$ により，関数 $\overline{f} \in C(\mathbb{R}_+)$ を定義する．このとき，

$$\overline{C}([0,n]) = \{\overline{f} \in C(\mathbb{R}_+); f \in C([0,n])\}$$

とおくと，$C(\mathbb{R}_+)$ の関数は，$\cup_{n=1}^{\infty} \overline{C}([0,n])$ の関数により距離 ξ の意味で任意に近づけることができるので，$\cup_{n=1}^{\infty} \overline{C}([0,n])$ が可分であることを示せばよい．$\overline{C}([0,n])$ と同様に $P_*([0,n])$ を $C(\mathbb{R}_+)$ の中で拡張した集合を $\overline{P}_*([0,n])$ とすると，$\overline{P}_*([0,n])$ も可算集合である．従って，$\overline{P}_*(\mathbb{R}_+) \equiv \cup_{n=1}^{\infty} P_*([0,n])$ は可算集合であり，$C(\mathbb{R}_+)$ の関数が距離 ξ の意味で $\overline{P}_*(\mathbb{R}_+)$ の関数で任意に近づけることができるので $C(\mathbb{R}_+)$ は可分である．

11.2　$B_{0,1}(t)$ は連続な標本関数をもつので $B(t)$ も連続な標本関数をもつ．また，独立増分をもつことも明らか．更に $B(t)$ は平均 $-bt$ 分散 $\sigma^2 t$ の正規分布に従うので，確かにブラウン運動である．

12.1　(12.3.2) により，$A \in \mathcal{F}_n$ に対して $\widetilde{\mathbb{P}}_n(A) \geq 0$ は明らか．$i = 1, 2, \ldots$ に対する $A_i \in \mathcal{F}_n$ が，$i \neq j$ に対して $A_i \cap A_j =$ ならば，$1_{\cup_{i=1}^{\infty} A_i} = \sum_{i=1}^{\infty} 1_{A_i}$ より，$\widetilde{\mathbb{P}}_n(\cup_{i=1}^{\infty} A_i) = \sum_{i=1}^{\infty} \widetilde{\mathbb{P}}_n(A_i)$ であるから $\widetilde{\mathbb{P}}_n$ は $(\Omega, \mathcal{F}_n)$ 上の確率測度である．

12.2　$\Omega = [0,1]$ とし，各 $n \geq 0$ に対して

$$\mathcal{F}_n = \sigma(\{0\} \cup \{((\ell-1)/2^{-n}, \ell/2^{-n}]; \ell = 1, 2, \ldots, 2^n\})$$

により $\mathcal{F}_n$ を定義する．このとき，$\mathcal{F}_n \subset \mathcal{F}_{n+1}$ であるから $\{\mathcal{F}_n; n \geq 0\}$ は Ω 上のフィルトレーションである．しかし，任意の無理数 $x \in (0,1)$ と任意の $n \geq 0$ に対して，$x \in A_n \in \{((\ell-1)/2^{-n}, \ell/2^{-n}]; \ell = 1, 2, \ldots, 2^n\}$ となる A_n を選ぶことができるので，$\cap_{n=0}^{\infty} A_n = \{x\}$ であるが，$x \notin \cup_{n=0}^{\infty} \mathcal{F}_n$ であるから，$\cup_{n=0}^{\infty} \mathcal{F}_n$ は σ-集合体ではない．
$\cup_{n=0}^{\infty} \mathcal{F}_n$ は $[0,1]$ の無理数 1 点集合を含まないが，$\sigma(\cup_{n=0}^{\infty} \mathcal{F}_n)$ はどんな $[0,1]$ の実数の 1 点集合を含むので，これら 2 つの集合族は一致しない．

12.3 定理 12.3.2 より，任意の $\epsilon > 0$ に対して十分大きな ℓ_0 を選ぶと，任意の $\ell \geq \ell_0$ に対して

$$\int_{\ell}^{\infty} e^{-\alpha t} dt < \epsilon, \qquad \left| \sum_{n=1}^{\infty} \widetilde{\mathbb{P}}\left(x + (\ell-1)h < Y_n \leq x + \ell h\right) - \frac{h}{\widetilde{\mathbb{E}}(Y_1)} \right| < \epsilon$$

が成り立つ．従って，$Z(x) = \sum_{n=1}^{\infty} 1(Y_n > x) e^{-\alpha(Y_n - x)}$ とおくと，

$$\begin{aligned}
\widetilde{\mathbb{E}}\left(Z(x)\right) &= \widetilde{\mathbb{E}}\left(\sum_{n=1}^{\infty} \sum_{\ell=1}^{\infty} 1(x + (\ell-1)h < Y_n \leq x + \ell h) e^{-\alpha(Y_n - x)} \right) \\
&\leq \sum_{\ell=1}^{\ell_0} e^{-\alpha(\ell-1)h} \sum_{n=1}^{\infty} \widetilde{\mathbb{P}}\left(x + (\ell-1)h < Y_n \leq x + \ell h\right) \\
&\quad + \sum_{\ell=\ell_0+1}^{\infty} e^{-\alpha(\ell-1)h} \sum_{n=1}^{\infty} \widetilde{\mathbb{P}}\left(x + (\ell-1)h < Y_n \leq x + \ell h\right) \\
&\leq \sum_{\ell=1}^{\ell_0} e^{-\alpha(\ell-1)h} \sum_{n=1}^{\infty} \widetilde{\mathbb{P}}\left(x + (\ell-1)h < Y_n \leq x + \ell h\right) \\
&\quad + \epsilon \left(\frac{h}{\widetilde{\mathbb{E}}(Y_1)} + \epsilon \right).
\end{aligned}$$

この式で $x \to \infty$ とした上極限を取ると，定理 12.3.2 より，

$$\limsup_{x \to \infty} \widetilde{\mathbb{E}}\left(Z(x)\right) \leq \frac{1}{\widetilde{\mathbb{E}}(Y_1)} \int_0^{\infty} e^{-\alpha(u-h)} du + \epsilon \left(\frac{h}{\widetilde{\mathbb{E}}(Y_1)} + \epsilon \right)$$

が得られる．同様にして，

$$\liminf_{x\to\infty}\widetilde{\mathbb{E}}\,(Z(x))\geq\frac{1}{\widetilde{\mathbb{E}}(Y_1)}\int_0^\infty e^{-\alpha(u+h)}du+\epsilon\left(\frac{h}{\widetilde{\mathbb{E}}(Y_1)}-\epsilon\right).$$

従って，$h,\epsilon\downarrow 0$ とすれば，(12.3.8) が示せた．

参考文献

[1] S. Asmussen. Applied probability and queues, volume 51 of Applications of Mathematics (New York). Springer-Verlag, New York, second edition, 2003. Stochastic Modelling and Applied Probability.

[2] K. L. Chung. A Course in Probability Theory. Academic Press (An Imprint of Elsevier), third edition, 2001.

[3] J. L. Doob. Stochastic processes. Wiley, New York, 1953.

[4] R. Durrett. Probability: theory and examples. Duxbury Press, Belmont, CA, second edition, 1996.

[5] R. Durrett. Probability: theory and examples. Duxbury Press, Belmont, CA, fourth edition, 2010.

[6] W. Feller. An introduction to probability theory and its applications. vol. II. Second edition. John Wiley & Sons Inc., New York, 1971.

[7] J. Jacod and A. N. Shiryaev. Limit Theorems for stochastic processes. Springer, Berlin, second edition, 2003.

[8] I. Karatzas and S. E. Shreve. Brownian motion and stochastic calculus, volume 113 of Graduate text in mathematics. Springer, New York, 2nd edition, 1998.

[9] A. F. Karr. Probability. Springer, 1993.

[10] M. Miyazawa. Insensitivity and product-form decomposability of reallocatable GSMP. Advances in Applied Probability, 25:415–437, 1993.

索引

■ら行

■わ行

著者紹介：

宮沢政清（みやざわ・まさきよ）

1971年　東京工業大学理工学部応用物理学科卒業
1976年　同大学院理工学研究科応用物理学専攻博士課程終了，理学博士
1976年　東京理科大学理工学部情報科学科講師
1989年　同教授
2013年　同名誉教授

主要著書
　オペレーションズリサーチⅡ（共著，朝倉書店，1989）
　確率と確率過程（近代科学社，1993）
　Queueing Networks, Customers, Signals and Product Form Solutions（共著，Wiley，1999）
　待ち行列の数理とその応用（牧野書店，2013）

対話・確率過程入門

2019年 2月 20日　　初版1刷発行

検印省略

著　者　　宮沢政清
発行者　　富田　淳
発行所　　株式会社　現代数学社
〒606-8425 京都市左京区鹿ヶ谷西寺ノ前町1
TEL 075 (751) 0727　FAX 075 (744) 0906
http://www.gensu.co.jp/

装　幀　　中西真一（株式会社 CANVAS）
印刷・製本　　亜細亜印刷株式会社

ISBN 978-4-7687-0502-5